# Bride
## MAKEUP
## HAIRSTYLE

# 新娘
## 化妆造型设计
## 实战宝典

广州燕珊美学设计学院 潘燕萍 邓珊珊 编著

U0370447

人民邮电出版社
北京

**图书在版编目（ＣＩＰ）数据**

新娘化妆造型设计实战宝典 / 广州燕珊美学设计学
院，潘燕萍，邓珊珊编著. -- 北京：人民邮电出版社，
2017.12
　ISBN 978-7-115-46981-6

　Ⅰ．①新… Ⅱ．①广… ②潘… ③邓… Ⅲ．①女性－
结婚－化妆－造型设计 Ⅳ．①TS974.1

　中国版本图书馆CIP数据核字(2017)第257428号

## 内 容 提 要

　　本书是一本专门介绍新娘化妆造型设计的实用图书，内容全面丰富。全书内容共 12 章，第 01 章为眼形调整技法，
第 02 章为唇部描画技法，第 03 章~第 12 章为新娘风格造型。在眼形调整技法中，以独创的“错层支撑法”为核心，帮
助化妆造型师解决各种眼形矫正的难题；在唇部描画技法中，为大家讲解了复古唇、花瓣唇、染唇、樱桃唇和糖果唇的
描画技巧，提升化妆造型师对唇妆的设计能力；在新娘风格造型中，为大家讲解了 10 种不同风格的新娘造型，可以让化
妆造型师根据不同场合、客人的不同条件选择合适的造型风格，快速提升造型能力和美学修养。本书图文并茂，步骤详
尽，造型时尚，手法丰富，是学习化妆造型技术非常合适的参考书。

　　本书适合婚礼跟妆师、新娘化妆造型师使用，可作为新娘化妆造型的试妆参考书，同时也可作为化妆造型培训机构
的教学用书。

　◆ 编　　著　广州燕珊美学设计学院　潘燕萍　邓珊珊
　　　责任编辑　赵　迟
　　　责任印制　陈　犇
　◆ 人民邮电出版社出版发行　　北京市丰台区成寿寺路 11 号
　　　邮编　100164　电子邮件　315@ptpress.com.cn
　　　网址　http://www.ptpress.com.cn
　　　北京盛通印刷股份有限公司印刷
　◆ 开本：889×1194　1/16
　　　印张：18
　　　字数：647 千字　　　　　　　　2017 年 12 月第 1 版
　　　印数：1—2 500 册　　　　　2017 年 12 月北京第 1 次印刷

定价：128.00 元
读者服务热线：(010)81055410　印装质量热线：(010)81055316
反盗版热线：(010)81055315
广告经营许可证：京东工商广登字 20170147 号

# PREFACE
## 前言

五月，窗外蝉鸣，转眼之间广州已入夏。依稀记得去年提笔编写此书时，窗外也是烈日炎炎。

早上上课，下午辅导学生做作品，晚上还要编写本书，并一一解答白天无暇顾及的咨询问题，临睡之前备课，寻找第二天作品的灵感，醒来时手中仍握着资料。如此周而复始地度过了6个工作日。

周末我早早地拉着同样疲惫的珊珊老师到服装饰品中心，挑选下周需要的材料，去鲜花店订购下周需要的鲜花，去书店看书寻找灵感，学习更多的技艺，最后不忘处理学校相关事宜。一天惶惶地紧握手机，生怕遗漏了任何一位学员的咨询，晚上拖着疲惫的身躯回家，继续编写本书。

法定节假日时，我报名参加五湖四海的学习班，请教各美妆领域的达人贤者。

在忙得几乎令人窒息的生活中，我仿佛没有了方向。我和珊珊老师曾经一次一次地质疑，为什么坚持拼搏？为什么在女人最好的年华放弃享受宠爱？为什么还要出版这本书？为什么坚持至今？

因为我爱我的职业，我沉浸于创作的乐趣中，享受获取新知的快乐，我坚持至今并把美妆作为我终生奋斗的事业经营着。

人生只要努力过，拼搏过，就问心无愧，无怨无悔。此书积聚了我和珊珊老师10年来的从业经验，在此分享给各位读者。一方面为了与各位读者交流学习，另一方面希望能为美妆行业的发展贡献绵薄之力。

研技至精，永无止境，只有不断攀爬，才有可能达到顶峰，即使没人知道顶峰在哪里。此言与各位读者共勉。

潘燕萍

2017年5月28日

# 目录

# 目录

# 目录

# 01
## 眼形调整技法

    专业化妆师几乎都知道眼形在整体妆面中起到的决定性作用，而调整眼形却是一直困扰化妆师的技术难题之一。针对这一技术难题，笔者经过三年的沉淀和研究，独创了"错层支撑法"，希望能够帮助化妆师解决这个难题。"错层支撑法"眼妆矫正法好理解，易操作，上手快，受到很多化妆师的青睐和支持。

    在矫正眼形时离不开一个"撑"字，"错层支撑法"是在粘贴假睫毛时层层错开，增加眼睛轮廓的宽度。将第一对假睫毛的毛发剪至2毫米左右，如果眼形特别难调整，可贴两对。将其完全贴在真睫毛的根部，以增强睫毛根部的支撑力，将眼皮支撑起来。然后根据眼形剪出不同宽度的双弧度美目贴，如果需要贴两条以上的美目贴则需要做到无缝对接，注意避免美目贴太厚重。最后加贴两条216或其他型号的假睫毛，以增加睫毛的浓密度。整个调整眼形的过程就完成了。这个手法的独特之处在于它告别了传统眼妆常出现的问题，如美目贴下压、睫毛不翘、真假睫毛分层、挡住眼球等，即使肿泡眼、短小眼、松弛眼、三角眼等调整难度较高的眼形都能轻松矫正。

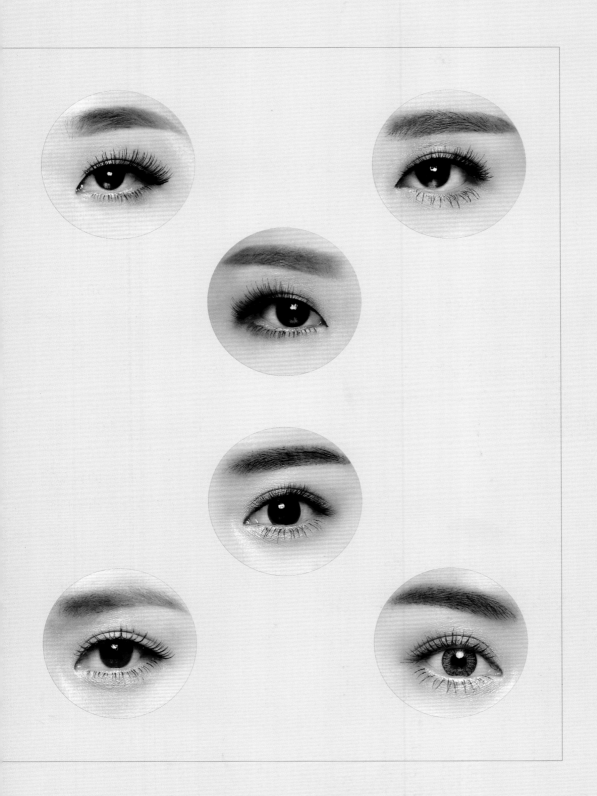

# 错层支撑法1

Before

分析：模特的眼形属于肿泡眼，眼皮特别紧，没有褶皱线。

After

最终完成效果展示。

01 用比肤色深一些的亚光眼影涂抹上眼睑，减少浮肿。为了使模特的眼形更圆润，最好刷成扇形。

02 下眼睑眼影的范围可以涂抹得大一些，扩大眼形的宽度。

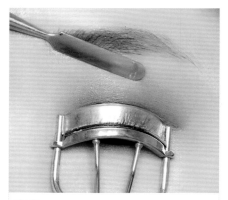

03 用睫毛夹将真睫毛夹翘，要注意完全夹到睫毛的根部，以增加支撑力。

04 用定型睫毛膏涂刷睫毛，避免真睫毛往下塌。

05 选择一条217假睫毛，将其剪为2毫米长。

06 将假睫毛粘贴在真睫毛的根部，增加支撑力。注意胶水必须刷在假睫毛的根部，这样可使假睫毛更翘。

07 剪一条稍宽的双弧度美目贴，将其粘贴在距离睫毛根部2毫米的位置，注意距离宁近勿远。

08 模特睁眼时，确定美目贴没有明显外翻或压眼球的现象即可。如出现上述情况，可将美目贴剪短或贴低一点。

09 再粘贴一条217假睫毛，注意两条假睫毛前后要错开。为了使眼形更大更圆，可以在中间处贴高一点。

10 剪一条双弧度美目贴，使其与第一条无缝连接，避免厚重。

11 让模特直视前方，仔细观察其双眼皮的宽度和形状，使其呈流畅的月牙形。

12 双眼皮宽度不够，继续粘贴美目贴。如有压眼球的现象，则不要再继续粘贴美目贴。

13 为了使睫毛更浓密，再粘贴一条217假睫毛。

14 下假睫毛选择自然磨尖、透明梗的，并将其粘贴在真睫毛根部的下方，以扩大眼形。

# 错层支撑法2

**Before**

分析: 模特妆前的眼睛并不算小, 但是属于单眼皮, 眼皮比较紧且薄, 没有褶皱线。

**After**

最终完成效果展示。

01 在眼窝处涂上眼影, 颜色可自选。夹翘真睫毛, 将217假睫毛粘贴在真睫毛的根部。

02 剪一条双弧度的美目贴, 注意其长度要和眼睛的长度差不多, 并将其粘贴在假睫毛的根部上方。

03 贴好美目贴后, 若出现眼皮支撑不起来、有多层褶皱线的情况, 可再粘贴一层美目贴。

04 粘贴美目贴时, 要注意无缝连接, 不要重叠, 避免美目贴变得厚重而增加眼皮负担。

05 再选择一条217假睫毛, 将其剪为2毫米长, 并粘贴在真睫毛的根部, 作为支撑。

06 剪短假睫毛主要是为了让其看起来不太浓密, 同时还能支撑起眼皮。

07 如果睫毛不够浓密，可以多粘贴一对217假睫毛。

08 内眼角及睫毛根部如有漏白，可用眼线液笔填补。

09 模特下睫毛比较长，可直接刷睫毛膏，要注意避免刷成"苍蝇腿"状。

# 错层支撑法3

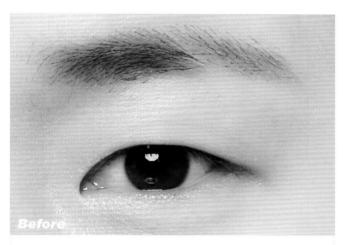

Before

分析：模特妆前的眼部眼皮松弛，内双严重，且眼皮上有一条淡淡的褶皱线。

After

最终完成效果展示。

01 用珠光浅棕色眼影打底，注意扫出扇形且呈有形无边的效果。

02 用弧度较平的睫毛夹将真睫毛完全夹翘。为了避免弄花眼影，可用调刀作为提拉工具。

03 涂刷定型防水睫毛膏。注意只刷睫毛根部，尾部可不刷，以避免出现"苍蝇腿"现象。

04 选择一条217假睫毛，将其剪为2毫米长，然后将胶水刷在假睫毛的根部。

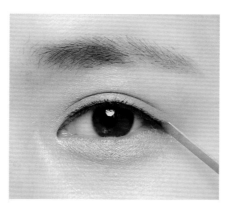

05 将假睫毛完全粘贴在真睫毛的根部，加强眼部支撑力。模特睁开眼睛时，已经有较明显的双眼皮褶皱线了。

06 为了让真假睫毛结合得更加自然，可将透明梗手工假睫毛剪成段，并进行粘贴。

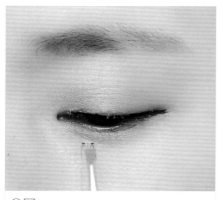

07 按照从内往外的顺序粘贴假睫毛。紧贴真睫毛的根部粘贴，可避免分层。

08 粘贴好假睫毛后，双眼皮效果变得更明显，所以不需要粘贴美目贴。

09 将透明梗磨尖下假睫毛剪成段并粘贴在下睫毛处，使其与真睫毛的根部自然衔接。

# 黑胶调眼法

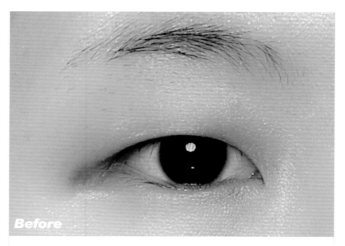

Before

分析：模特妆前眼部脂肪厚肿，眼皮紧致，内双严重。

After

最终完成效果展示。

01 用微珠光眼影大面积地晕染眼窝处，使眼影呈扇形效果。

02 将真睫毛分段夹翘，使其呈C形卷翘。

03 将一对217假睫毛剪为2毫米长，为了使假睫毛更翘，将胶水刷在其根部。

04 由于模特的眼皮没有任何褶皱线，可剪一段较细的双弧度美目贴，将其粘贴在距离睫毛根部2毫米处。

05 模特直视前方时，美目贴明显外翻也没有太大关系，重点是双眼皮的宽度要一致。

06 将一条216假睫毛粘贴在第一条假睫毛根部的上方，作为支撑。

07 模特直视前方时，如果还出现美目贴明显外翻的情况，可将黑色的胶水刷在假睫毛的根部和空缺处。

08 再选一条216假睫毛，将其粘贴在美目贴的正下方。睫毛中间如有空缺，可用调刀将第一条假睫毛的根部往上推。

09 如果双眼皮的宽度不够，可继续添加美目贴，要注意将其剪成细长形。

10 再粘贴一条217假睫毛，以增加睫毛的长度和浓密度。

11 下睫毛不必刷睫毛膏，可直接粘贴假睫毛，增加浓密度。

# 睫毛倒挂法

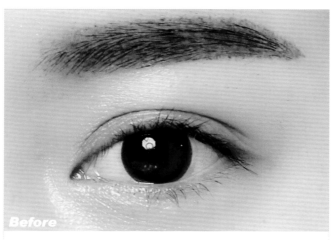

Before

分析：此手法适合眼形大、眼睛无神、眼白较多的人。

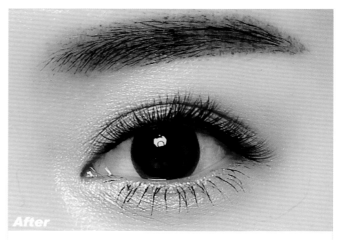

After

最终完成效果展示。

01 用自然浅棕色眼影大面积晕染眼部，注意不能有明显的边界线。

02 此款眼妆真睫毛要处理得很翘，否则粘贴的假睫毛很容易压眼球。

03 用透明色睫毛定型液将睫毛处理得根根分明。

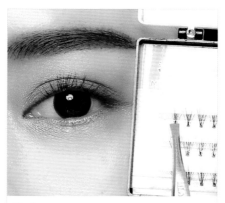

04 选用长度为10毫米的朵毛假睫毛，将胶水刷在假睫毛的根部，并紧紧粘贴在真睫毛根部的下方。

05 粘贴时，注意假睫毛一字排开，每一束假睫毛间不能有空隙。

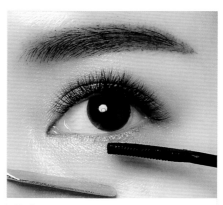

06 将下睫毛用垂直下刷的手法刷上睫毛膏，可避免出现睫毛黏在一起、根部粗、梢部细的情况。

# 氧气眼妆

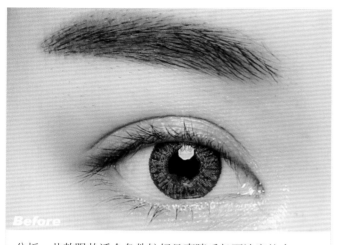

分析：此款眼妆适合条件较好且真睫毛长而浓密的人。

最终完成效果展示。

01 为了体现"减龄"、粉嫩的效果，先用淡粉色眼影大面积打底。

02 用深粉色眼影强调内外眼角处。注意颜色最深处要在睫毛的根部。

03 将睫毛以分段式夹翘，先夹中部、尖部，再夹根部，让睫毛呈现自然卷翘的C形。

04 选择定型防水睫毛膏，从睫毛根部以Z字形刷至尖部。注意根部多刷，尖部轻刷。

05 为了使模特的眼睛更加明亮，用米色高光笔提亮内眼睑。注意眼白较多者慎用。

06 将下睫毛用垂直下刷的手法刷上睫毛膏，可避免出现睫毛黏在一起、根部粗、梢部细的情况。

# 02
## 唇部描画技法

　　唇色不仅能令唇部焕发光泽，运用不同的方法，还能营造出各种风格，为妆容加分。那么，化妆师应该如何给客人选择合适的唇色呢？

　　肤色偏黄：比较适合带有黄色调（暖色）的橙色或茶色唇膏。

　　肤色红润：比较适合色彩鲜明的唇膏。

　　肤色白净：比较适合艳丽的橙色或嫩粉色等色彩明亮的唇膏。

　　肤色黝黑：千万不能选用中性色，应该选择浓郁或浅淡的颜色，这样才能制造出容光焕发的效果；另外，运用含有金色或珠光闪粉的唇彩，能展现出十足的个性。

# 复古唇

适合对象：唇部比较大的新娘，能有效缩小唇形。
适合场合：宴会、摄影、创作。

01 先用润唇膏滋润唇部，时间在20分钟左右，这样可以有效减少唇纹。

02 画唇妆时，要先为唇部打底，将本身的唇色完全遮盖住，以避免在使用唇膏时颜色不纯正。

03 用微珠光复古红色唇膏晕染唇内部，注意面积不能太大，最好控制在唇部1/3或1/2范围内。

04 用饱满的圆头唇刷将唇膏晕开，不能有明显的边界线，要有渐变的效果，而且颜色由内往外由深变浅。

05 在唇部边缘用金色唇彩晕染，体现高贵、奢华。要注意使金色唇彩与红色唇膏衔接好。

06 如果想让唇部更饱满、滋润，可在其表面轻轻涂抹唇冻。

# 花瓣唇

适合对象：唇部偏小、偏扁的新娘。
适合妆容：唇部创意妆、鲜花妆容等。

01 先用润唇膏滋润唇部，时间在20分钟左右，这样可以有效减少唇纹。

02 画唇妆时，要先为唇部打底，将本身的唇色完全遮盖住，以避免在使用唇膏时颜色不纯正。

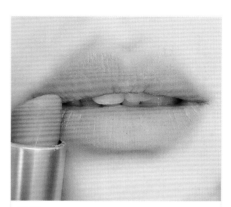

03 用亚光浅粉色唇膏晕染唇部，进行打底。

04 用紫色唇膏将唇形边缘勾画出来。注意边界线必须流畅，唇形要饱满。

05 用遮盖力较好的唇釉加深唇边缘，可使唇形更立体。

06 用粉色唇膏将紫色与浅粉色间的边界晕染自然。最后用唇冻在唇部表面涂抹，让其更水润、饱满。

# 染唇

适合对象：唇部偏大、偏厚，想打造"减龄"效果的新娘。
适合场合：任何场合。

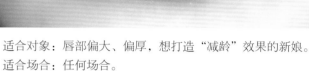

01 先用润唇膏滋润唇部，时间为20分钟左右，这样可以有效减少唇纹。

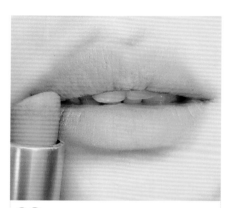

02 画唇妆时，要先将唇部打底，将本身的唇色完全遮盖住，以避免在使用唇膏时颜色不纯正。

03 用浅粉色唇膏打底。注意唇膏质地是亚光的并且有较强的遮盖力。

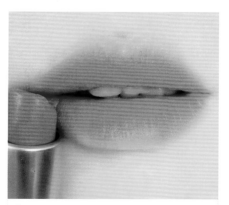

04 用玫红色唇膏加深唇部内侧的颜色，并慢慢由内向外晕染。

05 为了增加唇部的光泽感，用带珠光的唇彩晕染整个唇部，并减淡唇部的边界线。

# 樱桃唇

适合对象：唇部条件较好，唇部偏小，需要矫正唇形的新娘。

适合妆容：日常妆、摄影妆、新娘妆等。

01 先用润唇膏滋润唇部，时间为20分钟左右，这样可有效减少唇纹。

02 画唇妆时，要先为唇部打底，将本身的唇色完全遮盖住，以避免在使用唇膏时颜色不纯正。

03 为了更好地描画唇形，可先将上唇的V字形区域和下唇两侧的唇线描画出来，作为参照。

04 描画唇形时，注意对两边唇角的描画，要避免产生色差、出现漏白。

05 选择口红时，尽量用纯正的中国红。为了使唇色的饱和度更高，可重复晕染3~4次，注意颜色要均匀。

06 如果想要唇部更滋润、饱满，可在其表面涂抹一层唇冻。可根据具体妆容确定。

# 糖果唇

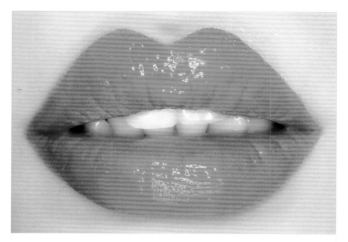 

适合对象: 唇形偏小、偏扁的新娘。

适合妆容: 日常妆、摄影妆、创作糖果妆。

 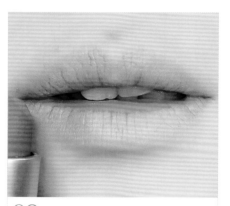

01 先用润唇膏滋润唇部, 时间为20分钟左右, 这样可有效减少唇纹。

02 画唇妆时, 要先为唇部打底, 将本身的唇色完全遮盖住, 以避免在使用唇膏时颜色不纯正。

03 选用亚光粉紫色唇膏, 其质地厚重, 遮盖力强。

04 为了更好地描画唇形, 可将上唇的V字形区域和下唇两侧的唇线描画出来。

05 勾画唇部的轮廓, 注意唇形要饱满、流畅, 面积在唇部的2/3左右。

06 选用带油光的橘色唇膏。

07 用橘色唇膏将唇部的内侧填满。注意橘色唇膏与粉紫色唇膏之间不能有明显的边界线。

08 为了更好地体现糖果色，在唇部表面涂抹一层唇冻，以增加光泽感。

# 03
## 唯美抽丝新娘造型

在做抽丝造型时，既要营造出自然凌乱的感觉，又要精心摆放每一根发丝，让造型灵动、轻盈，仿佛发丝在空中飞舞一般。抽丝时还要注意从整体调整造型，使造型更加饱满。喷发胶时不可过多，否则会让造型显得死板。同时妆容要轻妆淡彩，不要过多地修饰与矫正五官，尽量保留模特原有的清纯与自然即可。

# 唯美抽丝新娘造型1

**所用手法：**①卷发，②抽丝。

**造型重点：**发尾要烫出一定的弧度；发量分布尽量均匀；靠近额头的卷发需抽出几缕，作为刘海区造型，而且要比发际线低；发卡要固定牢固，否则头发很容易摇摇欲坠。

**实际应用：**蓝色立体刺绣的礼服搭配略带文艺感的干花饰品，巧妙地运用了撞色搭配；斜卷刘海不仅适合太阳穴处不够饱满的新娘，还适合脸形偏短或偏圆的新娘。

01 将全部头发用25号电卷棒烫卷,内外卷都可以。将刘海三七分,取左侧的发片。

02 将发片向上提拉到头顶,将准备好的花束放在发片下。

03 用发片将花束卷起。

04 将头发撕开,将发尾摆放在前面,遮盖发际线。

05 从左侧到右侧均匀地分发片,并以同样的方式进行处理。

06 右侧为造型的主区,花束可稍微突出且大一些。将其摆放在发片的上方。

07 用发片将花束卷起,留出发梢部分备用。

08 将卷好的发片抽出纹理,并将发梢摆好弧度,遮盖发际线。

09 将后区全部头发梳理到右侧耳后,用花束将发片压住。

10 用发片将花束卷起。由于发量较多,可稍微卷得紧一些。

11 将卷好的头发抽松,注意前面的造型要圆润、饱满。

# 唯美抽丝新娘造型2

**所用手法：** ①内卷，②拧绳，③抽丝。

**造型重点：** 造型分为上下两个区来进行操作，都做成花苞状并固定；在头顶做出轻赫本造型，抽出表面的发丝，这样可让整体效果更加雅致浪漫。

**实际应用：** 用具有提亮肤色功效的底妆产品提升新娘的气色；用修容粉修饰脸形，可以使鼻子更有立体感。追求优雅的新娘可尝试本款妆容和造型，这样既能打造五官的深邃感，又能通过轻赫本造型体现新娘的温婉、浪漫。

01 用19号电卷棒将头发向内烫卷。

02 从耳上方经过脑后将头发分成上下两个区。

03 将下区的头发收好。

04 将下区的头发整理成发髻并固定在枕骨处。

05 从上区分出一束发量适中的发片。

06 采用拧绳的手法处理发片，并将其扯松。

07 将发辫绕成一个花苞状，摆在脑后并固定。将剩余的头发用同样的手法固定。

08 佩戴丝带。

09 将顶区表面的头发进行抽丝。注意头发的纹理要自然，然后喷发胶定型。

10 用尖尾梳将刘海区薄薄的一片头发梳出纹理，注意处理弧度。

11 在合适的位置佩戴头饰。造型完成。

# 唯美抽丝新娘造型3

**所用手法：** ①单包，②抽丝。

**造型重点：** 唯美的新娘应选择简洁的饰品进行修饰，取发丝的同时需注意发丝的间距及发量，从太阳穴到脸颊两侧的发丝需自然衔接。

**实际应用：** 中长款立体花头纱加上轻盈的欧根纱立体花饰品，适合打造新娘的公主感，而半遮额的空气感小卷刘海颇显俏皮。个性夸张的V领一字肩礼服让新娘更显个性并多了女人味儿。

01 将全部头发梳理顺滑。

02 采用单包的手法将除刘海区以外的头发固定在颈部上方位置。

03 在顶区上方佩戴花朵头纱。

04 用电卷棒将刘海向内烫卷。

05 用手指整理发丝，然后喷上发胶定型。

06 仔细调整发丝之间的距离和位置。造型完成。

# 唯美抽丝新娘造型4

**所用手法：** ①拧绳，②抽丝。

**造型重点：** 先将刘海区与编发区分开，然后将刘海做成旋风造型。注意造型的高度和轮廓，要使其起到修饰脸形的作用。

**实际应用：** 脸形偏长的新娘在做造型时要注重设计感，可以处理得个性张扬一些；可以用刘海遮挡部分额头，两侧的造型有助于增加头部的横向比例，让新娘的脸形更加精致。

01 用19号电卷棒将头发向外烫卷。

02 取刘海区顶部的头发，向内翻卷。

03 用手指抽取头发表面的发丝。

04 将头发的发尾用手整理出旋风形，并摆放在额头位置，以修饰脸形。

05 取左侧耳前的头发，做两股拧绳处理。

06 用手指抽取发辫表面的发丝。

07 将发辫向上打卷并用卡子固定在耳前位置。

08 在左侧耳后取一束发片，然后用两股拧绳的手法处理，并抽出纹理。

09 将头发的发尾向内卷起并用卡子固定。

10 用同样的手法将剩下的头发处理好。注意造型的整体轮廓要饱满，头发的衔接要自然。

11 调整表面的发丝，并喷发胶定型。

12 在刘海区空缺的位置佩戴仿真花，修饰造型。造型完成。

# 唯美抽丝新娘造型5

**所用手法：**①拧绳、②抽丝。

**造型重点：**将顶区的头发作为中心，对其他区域造型时，要围绕中心进行，整体造型要自然、饱满。

**实际应用：**这款造型适合脸部线条感略强的新娘，建议脸形偏圆的新娘做一些俏皮、可爱的造型。

$01$ 用19号电卷棒将头发烫外卷。

$02$ 在顶区分出一束发片，往前推高。在发际线处留少量发丝备用。

$03$ 抽出根根分明的效果，然后喷发胶定型。

$04$ 将剩余的发尾顺着卷发的弧度堆放在顶区。

$05$ 在左侧耳前分出两股头发。

$06$ 采用两股拧绳的手法将头发编至发梢，并将其扯松。

$07$ 扯松后将发辫绕过额头，将发梢固定在右侧，修饰模特偏长的脸形。

$08$ 将左侧耳后的头发分成两股。

09 用同样的手法编两股辫。

10 将发辫向上提拉并扯出纹理。

11 将发辫卷成花苞状，摆放在头顶并下卡子固定。右侧采用同样的手法处理。

12 将剩余的头发梳理干净。

13 用两股拧绳的手法将头发编至发尾，然后将头发扯松。

14 将发辫向上提拉，拧成一个圆形，摆放在头顶并固定。

15 将之前分好的刘海区的头发整理成根根分明的效果，摆放在额头处，修饰脸形。注意发丝摆放必须要有弧度感。

16 佩戴森系复古饰品，再用彩色蝴蝶点缀。造型完成。

# 唯美抽丝新娘造型6

**所用手法：** ①扎马尾，②抽丝。

**造型重点：** 在操作前建议内外烫卷，这样造型更有支撑力；打散时可用尖尾梳倒梳，增加造型的饱满度。

**实际应用：** 这款造型呈现了简洁的少女风；半空气感刘海可让脸形显得更小，浪漫的小卷发搭配紫罗兰色调的饰品，代表着永恒的美与爱。

01 用19号电卷棒将全部头发烫卷。

02 将所有头发扎成一条低马尾。

03 用尖尾梳倒梳马尾中的头发，以增加头发的蓬松度。

04 顺着头发的卷度拿起头发，喷发胶定型。

05 在马尾处佩戴鲜花头饰，进行装饰。

06 抽取脑后的发丝，增加造型的灵动感。

07 在刘海区佩戴羽毛和鲜花头饰。

08 将顶区的发丝用手指抽出，并喷发胶定型。

09 将两侧鬓角的发丝拿起，并喷发胶定型。

10 将额头处多余的刘海整理并摆放好，以修饰脸形。

11 取一缕发丝，贴合在脸部，做出自然风吹的效果。整体造型完成。

# 唯美抽丝新娘造型7

**所用手法：**①二加一编发，②抽丝。

**造型重点：**将整体造型分为三大区并分别做编发处理；在扯松头发的同时用另一只手拉紧发尾，以免整个编发造型松散、变形。

**实际应用：**这款造型既奢华又清新灵动，与一字肩礼服搭配，将新娘的美毫无保留地展现了出来。高矮胖瘦的人都可以驾驭一字肩礼服，而且会显得美美的。

01 用19号电卷棒将头发向外烫卷，然后在右侧耳后取两股头发。

02 用二加一的手法将右侧区的头发编辫。

03 向发辫中续发后，将头发拧紧。

04 将发辫编好以后，将其扯松。

05 将发尾固定在后发际线处。

06 从顶区分出一束发片。

07 将发片分成两股。

08 用二加一的手法编发并拧紧。

09 将编好的头发抽松，以增加头发的纹理感。

10 将发尾固定在后区发际线位置，注意与之前的造型自然衔接。

11 将左侧区的头发分成两股。

12 采用二加一的编发手法将左侧区的头发续编到发辫中。

13 将编好的头发抽松，增加头发的纹理感。

14 将发尾固定在后发际线位置，注意造型的形状要圆润。

15 佩戴发箍。

16 将刘海区的头发分成前后两部分，将后部分的刘海用19号电卷棒烫外翻卷。

17 将前部分的刘海用19号电卷棒烫内翻卷。

18 将烫好的卷发整理成缕缕分明的效果，不能毛糙，然后喷发胶定型。

# 唯美抽丝新娘造型8

**所用手法：** ①拧绳，②抽丝。

**造型重点：** 这款造型的刘海不用刻意分出明显的边界，发丝不能贴着额头，一定要让发根立起来，从发根到发尾形成S形，用来修饰脸形；后区用拧绳造型垫底，依次将表面整理出向下的卷发纹理。

**实际应用：** 很多女性都做过身穿白纱的美梦，欧根纱材质具有特殊的朦胧感，如梦似幻，用多层欧根纱缝制的婚纱，可以营造出羽毛般轻盈飘逸的效果；抽象的花卉饰品在发丝中若隐若现，让整体造型多了几分梦幻、神秘的感觉。

01 从耳上方经过头顶将头发分成前后两部分。

02 在左侧耳后分出一束发片，并将其一分为二。

03 将两股头发交叉，做两股拧绳处理。

04 一边拧一边加发，进行二加一编发，一直编到发尾，然后用手抽松发辫。

05 将发辫向上卷，并用卡子固定。

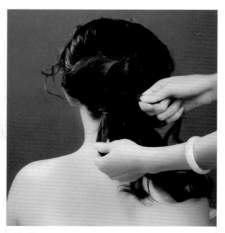

06 在左侧耳后方分出两股头发。

07 一边拧一边将后区剩余的头发全部加入。

08 编到发尾的位置，将发辫抽松。

09 将发辫向上做内卷，然后用卡子固定。

10 取出前区的头发。

11 用电卷棒将前区的头发一层层烫卷。

12 顺着头发的卷度整理头发，用手抽丝，并喷发胶定型。

13 在两额角位置分出一小缕头发，顺着卷度摆放，修饰脸形。

14 用电卷棒将右侧额角的刘海烫卷。

15 整理并摆放好刘海。

16 在刘海前区发丝中间佩戴烫花头饰，让整体造型看起来更有层次感。

# 唯美抽丝新娘造型9

**所用手法：** ①拧绳，②抽丝。

**造型重点：** 抽出几缕不规则的小发卷至面颊和额头处，打造出杂而不乱的造型感。

**实际应用：** 马卡龙色系的妆容与面部清新的小雏菊结合，让整体妆感甜美又俏皮；若想要整体造型呈现出少女风，建议选择小礼服，一些新颖而有特色的轻熟风很受客人喜爱；此款服装的特色是公主领，较适合脖子纤长的客人，反之则建议选择一字肩或V领款式的服装。

01 用19号电卷棒将头发烫外翻卷。

02 在额角抽出一小缕发丝，并摆放好。

03 将刘海区的头发用拧绳的手法向上卷，并将发辫撕拉蓬松。

04 将发辫固定在顶区，注意形状要饱满。

05 抽发丝，然后喷发胶定型。

06 将左侧的头发用两股拧绳的手法处理。

07 将发辫固定在顶区，然后从表面抽少许发丝，并喷发胶定型。右侧用同样的方法处理。

08 将后区头发横向分发片，然后用拧绳的手法处理，并撕拉蓬松。

09 将发辫向上固定。

10 用相同的手法处理剩下的发片。

11 将发辫向上固定，并喷发胶定型。

12 佩戴鲜花饰品。造型完成。

# 唯美抽丝新娘造型10

**所用手法：**①卷发。②抽丝。

**造型重点：**刘海区采用极简的抽丝手法处理，用两额角的发丝修饰脸形；顶区的抽丝要干净、立体；飘逸的发丝使整体造型显得更加轻盈。

**实际应用：**此款造型适合偏菱形脸、颧骨较高、中短发的新娘；服装可搭配白纱、修身礼服；发饰可不佩戴，让整体造型更加简约、时尚。

01 用19号电卷棒将后区的头发烫内卷。

02 将后区的头发收紧。

03 下卡子固定。

04 将刘海区两额角的头发用19号电卷棒烫内卷。

05 将刘海区剩余的发丝烫外卷。

06 注意发卷的卷度不能烫得太大。

07 从刘海区烫卷的头发中抽出发丝，喷发胶定型。

08 注意抽发丝的形状，整体造型需干净、立体。造型完成。

# 04
## 实用编发新娘造型

　　编发是造型手法中变化最多的一类。同样是三股头发，可以编出几十种不同的花样。本章介绍了很多不同的编发手法，手法虽多，但编发都有一个共同点，即编发时只需将每股头发错开，不重叠，就能出现花样。

　　编发不但能让造型变化得更丰富，还能让人产生清新、浪漫、少女的感觉，深受新娘的追捧。

# 实用编发新娘造型1

**所用手法：**①编三股添加辫，②抽丝。

**造型重点：**在编发时，每股头发的发量和添加头发的距离要尽量一致，这样发辫才会更加漂亮。

**实际应用：**此款造型适合头发经过染色的长发新娘；刘海区的卷发造型不仅能修饰脸形，还能使整体造型显得更时尚，造型感更强。

01 用19号电卷棒将全部头发烫卷。

02 从右侧耳前区分发片，然后将头发平均分成三份。

03 采用三股添加辫的手法编发。

04 编发时，将最外侧的头发留出一缕。

05 在头顶分出一股头发，添加到发辫中，进行编发。

06 将留出的一缕头发添加到发辫中，以同样的手法继续编发。将左侧做同样处理，然后将两条发辫固定在一起。

07 将发尾平均分成三份。

08 采用三股辫的手法进行编发。

09 将发辫一直编到发尾。

10 将编好的发辫单边抽丝。

11 用同样的方法一直抽至发尾，作为半圆花瓣。

12 将发辫从发尾开始往上卷起，做出花朵形。

13 做出花的形状后，下发卡固定。

14 分别在左右两侧耳后取发片，用同样的手法进行三股添加编发。注意取发的发量和添加头发的距离要一致。

15 将刘海区的头发分片用19号电卷棒烫内卷。

16 顺着头发的卷度整理刘海。

17 用手撕出剩余头发的纹理。

18 在刘海分区位置和发辫上佩戴小花饰品，让整体造型更加灵动。

# 实用编发新娘造型2

**所用手法：** ①编蝴蝶结、②编四股圆辫。

**造型重点：** 后区根据模特的头发条件打造独特的四股圆辫，并选择精致的鲜花点缀其中；前区刘海用蝴蝶结的手法处理，使整体造型更加梦幻、甜美。

**实际应用：** 此款造型适合长发染色且脸形标准的新娘，服装可选择一字肩、抹胸款，可搭配鲜花、精致金属饰品。

01 将刘海三七分，然后从左侧取一股头发。

02 采用勾花苞的手法扎出蝴蝶结的一半。

03 用橡皮筋固定。

04 将另一半做出相同的形状。注意两边发片的大小要对称。

05 将发尾做成蝴蝶结的中线。

06 用卡子将蝴蝶结固定。用同样的方法将刘海区剩余的头发做成蝴蝶结造型。

07 将右侧耳前区的头发用橡皮筋同样做出蝴蝶结形状。

08 将发尾绕在蝴蝶结的中线上，用卡子固定。

09 将剩下的头发扎成低马尾。

10 取马尾最左边的一缕头发。

11 用橡皮筋做成蝴蝶结形状。

12 将蝴蝶结往上用卡子固定。

13 再做一个蝴蝶结造型并固定在马尾扎结处，然后将剩下的头发均匀地分成四份。

14 将中间两束发片进行交叉。

15 再将最外边两束发片进行交叉，编四股圆辫。留出一份发片备用。继续向下编发。

16 用同样的方法一直编到发尾。

17 将发片最外侧的头发扯松。

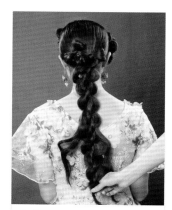

18 用橡皮筋将发尾固定。

19 拿起留出的头发。

20 将留出的头发做出蝴蝶结形状。将另一股头发用同样的方法处理。

21 将鲜花点缀在刘海前区蝴蝶结空隙处。

22 后区同样佩戴鲜花饰品，凸显新娘唯美浪漫的感觉。

# 实用编发新娘造型3

**所用手法**：①编三股添加辫、②编鱼骨辫、③手摆波纹。

**造型重点**：后区造型是一个蝴蝶的形状，注意纹理要清晰；清丽俊秀的妆容结合点缀的鲜花，使造型如在花丛中翩翩起舞；刘海区的手摆波纹让整体造型更温婉、甜美。

**实际应用**：此款造型适合长发染色的新娘，可搭配鲜花饰品，服装可选择清新唯美风格的，尤其适合浅色系的。

01 分出刘海区的头发，将剩下的头发分成上下两部分，分别扎成马尾并固定。上面发量多，下面发量少。

02 将上面的马尾分成四份：上方两股的发量多，下方两股的发量少。

03 将上方两股头发放下来，然后从右上方的头发中取一束发片，并分成三份。

04 采用三股添加辫的手法进行编发，注意保持三股头发干净，避免毛糙。

05 添加右部分的头发，继续用三股添加辫的手法编发。注意辫子的走向是向左编至发尾，弧度要圆润。

06 将编好的三股添加辫用橡皮筋固定好。

07 下卡子，将发尾固定在马尾左下方。将左上方的头发用同样的手法编出蝴蝶翅膀。

08 从右下方的头发中分发片，然后将其分成三股。

09 添加右部分的头发，并用三股添加辫的手法编发。注意辫子的走向是往左编至发尾，呈水滴形。

10 将编好的辫子用橡皮筋扎好。

11 将发尾往上摆放在蝴蝶形的中间位置。

12 将发尾做成一个卷曲的形状，下卡子固定。左下方用同样的手法处理。

13 将下面的马尾均匀分成两股。

14 采用鱼骨辫的手法编至发尾。

15 注意编发时取发不能太多，要干净，这样鱼骨辫会更加精致，纹理会更加丰富。

16 编好后在发尾处用橡皮筋扎紧。

17 将辫子的发尾往上收好，并下卡子固定。

18 将刘海区的头发用19号电卷棒烫内卷。

19 将刘海区烫卷的发片梳理干净，然后采用手摆波纹的手法做出纹理效果，并用发胶定型。

20 在头顶和后区佩戴饰品，使整体造型看起来更加灵动、轻盈。

# 实用编发新娘造型4

**所用手法：** ①编瀑布辫，②编三股添加辫。

**造型重点：** 刘海区的卷发要蓬松，发丝要灵动；后区的编发纹理要清晰，头发与头发之间要自然衔接，同时要注意发辫的走向。

**实际应用：** 此款造型适合长发染色的新娘，可搭配浅色系抹胸款服装，饰品可搭配鲜花、蝴蝶、蜻蜓等。

01 用19号电卷棒将所有头发的发尾烫外卷。

02 取出薄薄一层刘海，烫内卷。

03 将刘海区的头发抽松，并将头发的根部用手抓松。

04 将发尾固定在耳前侧的上方，并将头发撕出纹理感。

05 在左侧耳前方取发片，并分成两股。再从顶区分出一片头发。

06 左侧的两股头发一左一右交叉后，将顶区的头发添加到两股辫中。编至右侧，编成瀑布辫。

07 将发尾用橡皮筋固定。用同样的手法再编四条瀑布辫。

08 用同样的手法从右向左编瀑布辫。根据模特头发的长度来决定编辫子的数量。

09 将剩余的发尾分成四份或更多份。然后将其编成三股添加辫，并抽拉发丝。

10 注意抽发丝的方向：左侧编发从左侧抽发丝，右侧编发从右侧抽发丝。

11 将发辫环绕后区的造型，并下卡子固定。

12 注意辫子与辫子之间的衔接不能有空隙，然后佩戴鲜花饰品。造型完成。

# 实用编发新娘造型5

**所用手法：**①编三股反编添加辫，②丝带编发。

**造型重点：**在进行三股反编添加辫编发的时候，注意每次留出的发丝和添加的头发均要一致；在用丝带编发时，要注意编发的走向，而且造型的纹理要清晰；刘海区的卷发造型要处理得含蓄唯美。

**实际应用：**此款造型适合长发染色后的新娘，并且头发的长度要一样，不能参差不齐；菱形脸、瓜子脸较适合运用此款造型刘海区的处理方法。

01 用19号电卷棒将发尾烫外卷，然后从顶区取发片，并平均分成三股。

02 采用三股反编添加辫的手法编发。

03 从右侧的一股头发里抽出1/3的头发备用。

04 从左侧取头发，添加到三股辫里，留出1/3的头发备用。

05 注意正编与反编的区别在于前者从上方加发，后者从下方加发。

06 以同样的手法编到发尾，各留出1/3的头发备用，效果如图所示。

07 将发辫扯松，最好撕成片状。将发尾用橡皮筋固定。

08 取一条丝带，固定在顶区三股头发中的中间一股上。

09 从留出的头发中分出一缕头发。为了避免毛糙，可一边抹啫喱膏一边编发。

10 将头发放在丝带的表面上，摆成C形，效果如图所示。

11 用丝带从下往上将头发缠绕并系紧。

12 采用同样的手法继续分出一缕头发，并将其放在丝带的表面上，摆成C形。

13 注意编发时发丝之间的距离要均匀，不能太远。

14 右边用同样的手法进行编发。

15 用同样的手法一直编至发尾。

16 将余下的丝带扎蝴蝶结并固定在发梢处。

17 在发尾与顶区佩戴鲜花，装饰造型。

18 从左侧前区的头发中抽出发丝，并喷发胶定型。

19 用鸭嘴夹将右侧刘海头发的根部夹起。

20 用19号电卷棒将头发烫外翻卷。

21 顺着卷发纹理的方向将头发撕开，并喷发胶定型。

22 为造型点缀简约的花朵发箍。造型完成。

# 实用编发新娘造型6

**所用手法：** ①编四股圆辫，②抽丝。

**造型重点：** 后区采用编四股圆辫的手法处理，干净简洁，纹理清晰；刘海区佩戴的网纱，让整个造型充满意境美、朦胧美。

**实际应用：** 此款造型适合长发染色的新娘；较适合瓜子脸形、标准脸形；饰品可搭配网纱、鲜花、发箍等。

01 将后区头发均匀地分成三份。将左侧和中间的头发编四股圆辫并固定。编法以右侧为例。

02 将右侧的头发分成四股。注意第二股和第三股的发量比较少，第一股和第四股的发量多一些。

03 将第三股头发和第四股头发进行交叉。

04 将第二股头发和第四股头发在第一股和第三股头发中间交叉。

05 将第一股和第四股头发进行交叉。

06 将第一股和第二股头发在第三股和第四股头发中间交叉。

07 将一股和第三股头发进行交叉。

08 将第二股和第三股头发在第一股和第四股头发中间交叉。

09 将第三股和第四股头发进行交叉。

10 依次将全部头发编完，用手指在最外侧抽出发丝。然后用橡皮筋将三条发辫固定在一起。

11 在后区佩戴鲜花头饰，进行点缀。

12 选用白色网纱头饰，在刘海区佩戴网纱和鲜花头饰。造型完成。

# 实用编发新娘造型7

**所用手法：** ①编三股辫，②抽丝，③编四股圆辫。

**造型重点：** 刘海区造型可根据模特的脸形设计，以修饰脸形为目的；后区发辫的纹理要清晰，同时要注意相互交叉的距离。

**实际应用：** 此款造型适合脸形需要修饰、发际线不流畅、长发染色的新娘；饰品可选用丝带、网纱、鲜花；可搭配清新的浅色系服装。

01 分出一层薄薄的刘海，然后将剩余的头发往后梳，扎一条低马尾。如果头发的长度不够，可添加假发。

02 在马尾中分出1/3的头发，整理成发片并往上翻，然后用卡子固定。

03 再分出一束头发，用相同的手法整理成发片，往上翻并用卡子固定。

04 采用抽丝的手法撕出发丝根根分明的效果，然后喷发胶定型。

05 在剩余的头发中取少量头发并编三股辫，用橡皮筋固定发尾。

06 将剩余头发从左到右分成A、B、C、D四束发片。发片B和发片C的发量较少，发片A和发片D的发量较多。

07 将发片B和发片C在三股辫的下方交叉。

08 将发片A和发片D在三股辫的上方交叉。

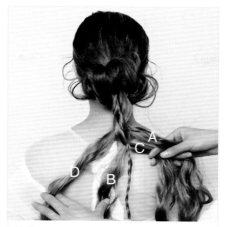

09 中间三股辫的位置不变，发片B和发片C始终在三股辫的下方交叉。

10 发片A和发片D始终在三股辫的上方交叉。

11 采用同样的手法一直编到发尾，然后将辫子下层的头发抽松，最好扯成片状。

12 将发辫左右两边处理对称，并用橡皮筋固定发尾。

13 将一条薄纱巾摆放在头顶处，整理成发箍状。

14 将刘海区薄薄的发丝用尖尾梳往右侧梳出根根分明的效果，喷发胶定型。

15 在耳侧抽出发丝，然后喷发胶定型。

16 整理好发丝，佩戴鲜花饰品，使造型看起来更唯美、浪漫。

# 实用编发新娘造型8

**所用手法：**①卷发、②编三股添加辫、③井字编发、④拧绳。

**造型重点：**后区多种编发手法的结合是整个造型的灵魂。顶区井字编发要纹理清晰，立体感强，与三股辫和四股圆辫的结合乱中有序，繁复却不复杂。

**实际应用：**此款造型适合长发染色的新娘，饰品可佩戴鲜花、花环；可搭配纱质类型和颜色偏浅的服装。

01 用19号电卷棒将头发烫内卷。

02 从顶区取发片，并分成三股。

03 采用三股添加辫的手法编发，从前往后加头发。

04 将右侧的头发添加到发辫中，一直编到发尾。

05 从前区取一缕头发，并抹上啫喱膏。

06 将头发放入辅助工具的圈里，如图所示。

07 利用辅助工具穿过三股辫。将右侧剩下的头发用同样的方法处理。

08 左侧用同样的方法处理，要注意左右对称。

09 将头顶的两股头发进行交叉。

10 分别从两边继续取头发并交叉，编成如图所示的效果。

11 将前区留出的头发用同样的手法编完，效果如图所示。

12 取两边的三股辫。

13 将三股辫左右交叉并固定，不要留有空隙。

14 将剩下的头发分成两等份。

15 将右侧的头发用拧绳的方法处理，将其编好后用橡皮筋固定。

16 将拧好的发辫抽松，尽量让纹理显得更加丰富，使辫子更饱满。

17 将左侧用同样的手法处理。

18 用橡皮筋将两股头发固定在一起。

19 将刘海区的头发用19号电卷棒烫内卷并将卷发撕开。

20 搭配较高且灵动的发箍，修饰造型，使造型更饱满。

# 实用编发新娘造型9

**所用手法：** ①三股反编、②抽丝。

**造型重点：** 后区采用立体感强的三股反编发辫，让整体造型更具活力，造型感更强；空气感刘海的处理使整个造型的纹理感更强，更具轻盈感。

**实际应用：** 此款造型适合长发染色的新娘；适合新娘在外景拍摄时使用，能使整个画面显得唯美、浪漫；刘海区的处理手法适合脸形偏短的新娘；可搭配点缀式的饰品；服装可搭配紧身鱼尾婚纱等。

01 在刘海区分出一层头发，然后将剩下的头发用19号电卷棒烫外翻卷。

02 取一片与发色接近的假发片，并固定在顶区。

03 将顶区中部的头发分成三股。

04 采用三股反编添加的手法编发。

05 从最外侧取头发，添加到三股反编中，然后一直编至发尾。

06 编完后用橡皮筋将发尾扎紧。

07 在辫子左右两侧扯出发丝，注意造型要圆润、立体。

08 一边扯发丝一边喷发胶定型。

09 将刘海区的头发用19号电卷棒向上烫外翻卷。

10 将耳旁及刘海区表面的头发用手整理出根根分明的效果，然后喷发胶定型。

11 注意刘海区的造型要饱满。佩戴饰品，造型完成。

# 05
## 优雅卷发新娘造型

　　本章中的造型以卷发为主，体现出新娘的优雅、柔美。造型手法也比较简单随意，因此受到很多化妆造型师的青睐，同时能使化妆造型师在忙碌的婚礼当中快速而顺利地完成新娘造型。

# 优雅卷发新娘造型1

所用手法：①卷发，②抽丝。

造型重点：刘海区缱绻的发丝可以更好地修饰脸形；耳前的抽丝需蓬松，这样整体造型才能显得饱满而轻盈；可以采用点缀的方式佩戴鲜花，以更好地增加造型的时尚感。

实际应用：此款造型可以很好地修饰脸形，特别适合长脸形、方脸形及发际线较高的新娘。

01 用19号电卷棒将所有头发向外烫卷。

02 在顶区右侧取一束发片，将其分成两股。

03 采用二加一的手法一边拧发一边续发。然后抽出发丝，增加纹理感。

04 将发辫固定在耳后的发际线处。

05 在顶区左侧取一束发片，将其分成两股。

06 继续将头发采用二加一的手法处理。

07 对编好的发辫抽发丝。要注意发丝不能太分散，要尽量集中，避免毛糙。

08 将发辫固定在耳后发际线处。注意从正面看造型弧度要流畅。

09 将刘海区的头发用19号电卷棒烫内卷。然后将发尾摆出弧度，可用啫喱膏将头发粘贴在额头上。

10 从右侧取一束发片，烫卷并摆出弧度。注意发丝不能太集中，要有镂空感。

11 将后区的头发顺着卷发的纹理整理干净，撕出纹理，并喷发胶定型。

12 将饰品错落地点缀在造型比较厚重或空缺的位置，让造型纹理更为清晰、丰富。造型完成。

# 优雅卷发新娘造型2

**所用手法：**①卷发，②做水波纹，③抽丝。

**造型重点：**打造动感水波纹造型，刘海区的高度因脸形而异，随意地抽出些许发丝，减少刘海的厚重感；水波纹造型的波纹要凹凸有致，用小鲜花饰品点缀，让造型更具魅力且不失优雅，耐人寻味。

**实际应用：**此款造型适合脖子较长、脸形较宽的新娘，可搭配一字肩或单肩的礼服，可用精致型的饰品进行点缀。

01 用22号电卷棒将所有头发朝一个方向烫卷，向内或向外都可以。

02 将后区头发分为左右两份。

03 将左边的头发往后整理，并梳顺。

04 将梳顺的头发用鸭嘴夹固定在耳前方。

05 用尖尾梳将左边的头发梳顺，尤其要注意发尾的头发不能卷成团状，波浪要自然。

06 在波浪凹陷处用鸭嘴夹固定。

07 将刘海区的头发三七分，然后用左手将头发根部抓紧并往上提拉，用尖尾梳将头发向前梳理。

08 在右侧波浪凹陷处下鸭嘴夹固定，继续用同样的手法摆出第二个波纹。

09 将头发都摆出波纹后，在凹陷处用鸭嘴夹固定，并喷上发胶定型。

10 将刘海区的头发抽丝，以减轻造型的厚重感。

11 去掉鸭嘴夹，点缀小碎花，让造型更清新迷人。

# 优雅卷发新娘造型3

**所用手法：**①卷发，②拧绳，③抽丝。

**造型重点：**刘海区上翻的发丝要干净、灵动、饱满；额头的少许发丝要起到修饰脸形的作用，再搭配花环，让造型更清新、唯美。

**实际应用：**此款造型适合发际线不流畅或脸形偏短的新娘；可搭配浅色系服装，饰品可选择鲜花进行点缀，使整体造型更加娇艳欲滴。

01 分出刘海区的头发，用19号电卷棒将剩下的头发烫内卷。

02 在右侧发区耳上方取一束发片，向下翻卷，并将其固定在顶区。

03 从右向左依次取发片，用同样的手法向下翻卷，并将翻卷好的发片固定在顶区。

04 在右侧耳后取一束发片，将发片进行两股拧绳。

05 将拧好的头发抽丝后摆在顶区。

06 将后区剩余的头发用同样的手法处理。注意头发摆放的位置要合适，造型要饱满。

07 用19号电卷棒将刘海区的头发烫外翻卷。

08 将刘海区的头发抽丝，整理成空气感效果。

09 在额头处取出一小束头发。

10 将头发烫内卷，并将烫好的头发整理成空气感效果。

11 佩戴鲜花发饰。造型完成。

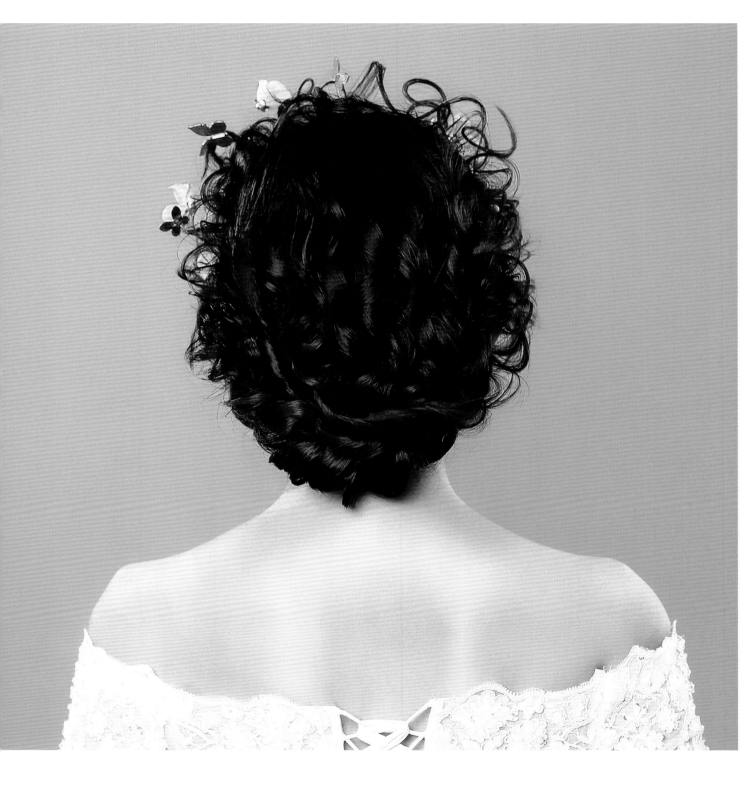

# 优雅卷发新娘造型4

所用手法：①卷发，②二加一编发，③抽丝。

造型重点：在打造这款造型时，要体现出造型饱满的效果。顶区造型的高度因人而异，刘海区放下来的发片需处理得轻盈飘逸，可适当搭配鲜花类饰品，让造型仙气十足。

实际应用：此款造型不太适合脸形偏长的新娘，饰品可搭配鲜花、蝴蝶发箍、头纱等。

01 分出刘海区的头发，用19号电卷棒将头发烫卷。注意一定要卷到头发根部。

02 用手整理好头发的卷度与形状。

03 顺着头发的卷度用卡子将发尾固定。

04 取左侧的一束发片。

05 顺着头发的卷度往内拧转发片。

06 用卡子将拧好的头发固定在颈部。

07 在左侧区分出一束发片，将其均匀地分成两股。

08 将分好的头发进行二加一编发处理。

09 将两股头发左右交叉，然后往中间加发，并一直编至发尾。

10 将编好的头发进行抽丝处理。

11 将每一股发辫都抽出发丝。

12 顺着头发的纹理将头发往后区底部的中间位置固定。

13 在耳前区取一束发片，将其平均分成两股。

14 将分好的头发进行二加一编发处理。

15 将两股头发左右交叉，然后往中间加发，一直将头发编至发尾。

16 用手扯松发辫，使发辫的纹理更丰富。

17 将发尾往后区底部的中间位置固定。将右侧区的头发用同样的方法处理。

18 在刘海区戴上饰品。

19 用电卷棒将刘海区的头发烫外翻卷。

20 将烫卷的头发抽丝，整理出纹理，并喷少量发胶定型。造型完成。

# 优雅卷发新娘造型5

所用手法：①卷发，②抽丝。

造型重点：顶区造型的高度要因人而异，注意造型的饱满度，整体造型要呈现出随意中带点凌乱、凌乱中带点俏皮的效果；可搭配森系饰品，让造型更具灵气。

实际应用：此款造型适合中长发的新娘，可搭配欧根纱材质的轻盈服装。

01 用19号电卷棒将全部头发烫卷。

02 从两额角经过后区分出顶区的头发。

03 将分出的头发向下进行拧绳处理。

04 将拧好的头发向上拧转，用卡子将其固定在顶区。

05 用手指在刘海区上方抽出发丝，并喷少量发胶定型。

06 抽取右侧刘海区的发丝，喷少量发胶定型。

07 将刘海整理成纹理清晰的效果，喷少量发胶定型。

08 在头顶佩戴森系头饰。造型完成。

# 优雅卷发新娘造型6

**所用手法：** ①卷发，②做水波纹。

**造型重点：** 后区水波纹造型要注意使波纹凹凸有致，动感有型；可用发箍、羽毛等饰品装饰造型，使造型更加复古。

**实际应用：** 此款造型较适合标准脸形、倒三角脸形及发际线流畅的新娘，可搭配一字肩或抹胸类的服装。

01 用19号电卷棒将全部的头发向内烫卷。

02 将烫卷的头发向后梳。

03 用尖尾梳将头发梳出整齐的纹理。

04 在后区第一个波纹处下鸭嘴夹，将头发固定。

05 接着梳出第二层波纹，并下鸭嘴夹固定。

06 继续梳出第三层波纹，并下鸭嘴夹固定。

07 将发尾用尖尾梳往上梳。对头发喷胶定型，待干透后取下鸭嘴夹。

08 佩戴饰品。造型完成。

# 优雅卷发新娘造型7

**所用手法：** ①卷发，②拧绳，③抽丝。

**造型重点：** 将刘海区头发抽丝时要干净、轻盈，后区的造型要饱满、干净；可佩戴花环，使整体造型更显清新唯美。

**实际应用：** 此款造型较适合额头偏窄、脸形偏短的新娘，可搭配白纱、小清新类服装。

01 用19号电卷棒将头发烫内卷。烫发时尽量靠近发根，使头发更加蓬松。

02 在头顶分出一个圆形发区，将分出的头发旋转并拧紧，用卡子将拧好的头发固定。

03 将发尾撕开，将拧好的头发整理成圆形。

04 从右侧区分出一束发片，在发际线边缘可留出一些短碎的头发备用。

05 将右侧区的头发向上拧转，注意不要拧得太紧，最好有一定的弧度。

06 下卡子将拧转好的头发固定在顶区。将左侧区的头发用同样的方法处理。

07 在后区垂直分出一束发片，用拧绳手法向上提拉。注意发片必须具有一定的弧度，不宜拧太紧。

08 用卡子将拧转好的头发固定在顶区。将余下的头发用同样的手法处理。

09 将发尾撕开，使其与顶区的发尾结合，整理出丰富的纹理，喷发胶定型。

10 将永生花材质的发箍佩戴在前区发际线处。

11 从发际线边缘分出小碎发，并用19号电卷棒烫内卷。

12 将烫好的头发一缕一缕地撕开，并喷发胶定型。

# 优雅卷发新娘造型8

所用手法：①卷发，②拧绳，③抽丝。

造型重点：顶区造型要饱满，前区抽出的发丝要轻盈，额头缱绻的发丝可以修饰脸形；可佩戴森系饰品，让整体造型更显灵动。

实际应用：此款造型较适合额头偏高、脸形需要修饰的新娘，可搭配修身款白纱。

01 用19号电卷棒将头发烫内卷。

02 在后区分出一束发片,将发片均匀地分成两股。

03 用两股拧绳的手法编发,将编好的头发抽丝,使发辫蓬松自然。

04 将发辫向上提拉,拧转并固定在顶区。

05 在右侧耳后取一束发片,将发片均匀分成两股。

06 以同样的手法进行两股拧绳处理并抽丝,使发辫蓬松自然。

07 将发辫向上提拉,拧转并固定在左耳上方。左侧用同样的方法处理。

08 将刘海区头发整理好。

09 从左侧取三束发片。

10 用三加二的手法编辫子。注意辫子不能编得太紧。

11 将发尾用三股辫编发的手法编完，然后对辫子抽发丝，并固定在后区。

12 整理后区的发丝。

13 将前区表面的头发用19号电卷棒烫卷。

14 将头发整理蓬松，并喷发胶定型。

15 在刘海区取少许发丝，将其按照烫卷的纹理摆在额头位置，以修饰脸形。

16 佩戴饰品。造型完成。

# 优雅卷发新娘造型9

**所用手法：**①卷发，②手摆波纹。

**造型重点：**刘海区采用了手摆波纹造型的手法，并抽出些许发丝，让波纹的线条感更加柔和；可佩戴对称式发箍饰品，让造型优雅又不失灵气。

**实际应用：**此款造型较适合脸形标准的新娘，可搭配一字肩或抹胸款的婚纱，可搭配点缀式的发饰。

01 将头发烫卷，在刘海区分出一束发片。

02 将发片向上提拉，并在其根部用鸭嘴夹横向固定。

03 然后将头发向前摆，做出一个波纹，并用鸭嘴夹固定。

04 喷发胶定型，待干透后将鸭嘴夹取下。

05 将左侧区的头发用同样的手法处理，将发片向前摆放，做出一个波纹。

06 用电卷棒将剩下头发的发尾向上烫卷。

07 后区向外翻的头发要在同一高度，并喷发胶定型。

08 在两侧佩戴对称的羽毛头饰，打造灵动的效果。造型完成。

# 优雅卷发新娘造型10

**所用手法：**①卷发，②包发。

**造型重点：**整体造型需干净、饱满，刘海区可处理得随意自然一些；可佩戴花环或简单的小清新饰品。

**实际应用：**此款造型适合偏标准脸形和倒三角脸形的新娘，可佩戴简单的饰品，使造型显得自然随意又不失大方。

01 用19号电卷棒将全部头发烫卷。

02 将后区全部头发顺着卷度整理成一个方向的大卷。

03 将全部头发向上翻卷，将发根位置的头发用卡子固定。

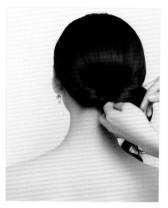

04 将发尾向上翻卷并固定好。

05 将剩余的发片整理成一个圆滑的弧度，并用卡子固定。

06 将发尾向右侧翻卷，用卡子固定。注意发卷与发卷之间不能重叠。

07 用手整理右侧的刘海。

08 沿着头发烫卷的弧度将头发向内卷。

09 将发片用卡子固定在右耳后侧位置。

10 将发尾在后区右侧空缺的地方向内卷，并用卡子固定。

11 调整右侧刘海的位置，使其呈现自然而随意的效果。

12 佩戴鲜花头饰。造型完成。

# 优雅卷发新娘造型11

**所用手法：** ①卷发，②拧绳，③抽丝。

**造型重点：** 这款造型刘海区自然下垂的发丝使新娘更加楚楚动人，后区造型饱满又不失纹理感，可佩戴发带头饰，让造型具有"减龄"的效果。

**实际应用：** 此款造型较适合倒三角脸形和太阳穴偏窄的新娘，可搭配白纱、欧根纱等材质轻盈的服装。

01 用19号电卷棒将全部头发烫卷。

02 将刘海中分。

03 整理刘海区的发丝。

04 在后区中间位置分出一束发片，进行拧绳处理。

05 将拧好的头发抽出发丝，使头发表现出纹理感。

06 在右侧耳后方分出一束发片。

07 用拧绳的手法将发片拧紧。

08 将拧好的头发进行抽丝，使发辫更加蓬松。

09 将抽丝后的头发的发尾固定在脑后。

10 将左侧的头发拧成发辫，然后抽出发丝。

11 将抽丝后的头发的发尾固定在后发际线处。

12 佩戴丝带头饰，使造型更显俏皮可爱。造型完成。

# 优雅卷发新娘造型12

所用手法：①卷发，②拧绳，③抽丝。

造型重点：半丸子头造型有"减龄"的效果，刘海区发丝的处理使新娘更具时尚感又不失俏皮感。

实际应用：此款造型较适合拍摄人物写真，可佩戴糖果色毛球或糖果色发卡，使造型更加俏皮可爱，同时使新娘更显活泼。

01 用19号电卷棒将所有头发向外烫卷。

02 从耳上方经过脑后将头发分成上下两部分。将上半部分的头发用橡皮筋固定，扎一条马尾。

03 将马尾分成三等份。将其中一份用拧绳的手法处理，将拧好绳的发辫抽丝。

04 将抽丝好的发辫盘绕在顶区，并用卡子固定。

05 再取一股头发，用同样的手法进行处理。

06 将拧好绳的头发进行抽丝。

07 将抽丝好的发辫盘绕在顶区，并用卡子固定。注意盘发需衔接自然。

08 将第三股头发用同样的手法处理，留出少量的发尾并摆放在刘海区。

09 将发尾整理成一缕缕的，并摆放在额头处，以修饰脸形。

10 将后区下半部分的头发向内烫卷。

11 将烫卷的头发整理干净，使其具有纹理感，然后喷发胶定型。

12 在半丸子头造型前面佩戴小毛球饰品。耳垂、锁骨处也可用小毛球进行点缀。造型完成。

# 06
## 浪漫鲜花新娘造型

　　鲜花是婚礼中必不可少的装饰物，也是新娘造型中常用的饰品。鲜花与造型的浪漫相遇是许多新娘的最爱，鲜花造型是百搭的造型，与婚纱、礼服、中式旗袍相搭配，可以打造出不同风格和韵味的新娘。适合结婚当天佩戴的鲜花主要有桔梗、蔷薇、洋兰、蝴蝶兰等，可与满天星、情人草、黄莺花等搭配使用。化妆造型师在打造鲜花造型时应注意，鲜花的种类和颜色要与新娘的整体风格一致。

# 浪漫鲜花新娘造型1

**所用手法：** ①卷发，②抽丝，③拧绳。

**造型重点：** 造型高度因人而异，注意抽出的发丝要比底部造型凸出，这样才能凸显出发丝的灵动感。抽丝的距离要控制好，发量不能太多，也不能太稀疏。可选用对称式或点缀式的饰品，能增加造型的俏皮感和活泼感。

**实际应用：** 此款造型可以很好地修饰及拉长脸形，尤其适合圆脸形和脖子偏短的新娘。

01 用19号电卷棒将全部头发烫卷。

02 经过脑后位置分出顶区的头发。将头发逆时针拧转，形成一个发包，并用卡子固定。

03 扯松发尾，并整理出纹理。然后喷上发胶定型。

04 在后区分出一束发片，向上拧绳并用卡子固定，使其与顶区的头发衔接好。

05 采用同样的手法处理后区所有的头发，使其形成一个花苞丸子头造型。在较短的发丝上喷发胶定型。

06 在刘海区取一束发片，用拧绳的手法处理。将拧绳好的头发固定在头顶。

07 在右侧区取一束发片。

08 将发片向上进行拧绳处理，并将其和发包固定在一起。将左侧用同样的手法处理。

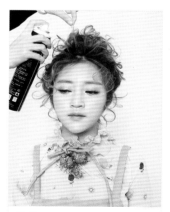

09 用手指抽出顶区的发丝，喷发胶定型。

10 用手指抽出刘海区的发丝，打造出灵动的效果，并喷发胶定型。

11 用电卷棒将刘海区前面的头发向内烫卷，然后顺着头发的卷曲度将刘海摆放好。

12 用鲜花在发丝间点缀，使整体造型更灵动。造型完成。

# 浪漫鲜花新娘造型2

**所用手法：**①卷发，②抽丝。

**造型重点：**此造型是双发髻，显得年轻可爱，"减龄"效果非常好。刘海是造型的重点之一，斜刘海空气发丝造型使新娘显得灵动俏皮。

**实际应用：**这款造型是长脸形新娘的佳选。目前中短发新娘偏多，此款造型简洁而不简单。服装、饰品建议选用3D立体花朵款，这也是目前迪奥轻熟风的特点之一。

01 用19号电卷棒将全部头发烫外翻卷。

02 用尖尾梳将前区的头发梳理至耳后。

03 用手撕开发尾，并顺着发尾的卷度整理好形状。

04 在后区分出一束发片，向上翻卷。

05 用手指撕开发尾，整理出纹理感。

06 再取一束发片，用同样的手法向上翻卷。

07 整理好发尾的纹理，然后喷发胶定型。

08 用手整理左右两侧区头发的纹理。注意让两边的头发看起来对称。

09 用尖尾梳梳理刘海区的头发，将刘海伏贴地摆放在额头位置。

10 在耳前侧对称地佩戴鲜花头饰，使整体造型看起来更协调。造型完成。

# 浪漫鲜花新娘造型3

**所用手法：** ①卷发，②做水波纹，③卷筒。

**造型重点：** 整体造型采用正三角形结构。除刘海区以外，其他发区都进行横向烫卷，并同样整理出凹凸纹理的短款水波纹造型，要注意头发表面的整洁度和光泽度，不能使用过量的发胶类产品。刘海整体呈花苞形即可。

**实际应用：** 此款造型本身的结构可拉长脸形，刘海区的卷筒可弥补额头不够饱满的缺陷。可搭配蕾丝饰品。

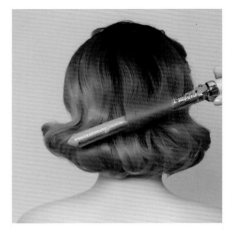

01 用19号电卷棒将头发向内烫卷。

02 取一束发片并用手握住，然后用尖尾梳将头发向内梳理成内扣卷。

03 用同样的手法将所有的头发梳理成内扣卷。注意头发表面一定要干净。

04 注意发片之间不能有空隙，要相互衔接自然。

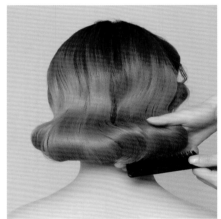

05 将发尾全部梳理成内扣卷，注意高度要一致。

06 分出刘海区的头发。

07 从刘海区分出一小束发片。

08 将发片向右做内扣卷，并用卡子固定，做出第一个卷筒的形状。

09 将卷筒的发尾向前摆放，做出第二个卷筒的形状。

10 继续在刘海区分出一束发片。

11 将发片往右并向上翻卷，用卡子固定，做出第一个卷筒的形状。

12 将卷筒的发尾向前摆放，用同样的手法做出第二个卷筒的形状。

13 在右侧区取一束发片。

14 将发片向上卷并往左固定，做出卷筒的形状，用卡子将其固定。

15 整理卷筒的发尾，并将其固定在中间空缺的地方。注意每一个卷筒都应不规则地错开摆放。

16 佩戴网纱和鲜花头饰。造型完成。

# 浪漫鲜花新娘造型4

**所用手法：** ①卷发，②抽丝，③编三股辫。

**造型重点：** 打造此造型的手法较简单，重在构思与想法。花环造型在制作中自然少不了花、草、柳叶等材料，再与卷发和三股辫结合成环状，打造出精灵公主般的感觉。

**实际应用：** 花环是心怀一颗少女心的新娘的佳选，无论是以饰品为主、造型为辅，还是以造型为主、饰品为辅，都重在表现轮廓感。一般建议搭配A字形礼服，若要显瘦则需选高腰款，一字肩是显瘦神器。

01 用19号电卷棒将全部头发向外烫卷。

02 将两边耳前的头发分出来，然后在后区分出一束发片，顺着头发的卷度将其向上翻卷，并用卡子固定。

03 用手指将固定好的头发的发尾撕开。

04 用同样的手法处理后区剩余的头发。

05 用手指扯松头发，然后喷发胶定型。

06 将每束头发的纹理整理出来。注意发片之间不能有空隙，要衔接自然。

07 将右侧的头发向上编成三股辫。

08 将编好的发辫抽出发丝。

09 将抽丝好的发辫绕过额头，固定在左侧。

10 将左侧的头发向上编成三股辫。

11 将编好的发辫抽出发丝。

12 用卡子将抽丝好的发辫固定在右侧。注意发辫要衔接自然。

13 将两条发辫的纹理调整一致。

14 整理刘海区的头发，喷发胶定型，打造出灵动的效果。在刘海区佩戴鲜花头饰，点缀造型。造型完成。

# 浪漫鲜花新娘造型5

**所用手法：** ①卷发，②抽丝，③发包，④编鱼骨辫。

**造型重点：** 整体造型用鱼骨编发的手法收成O形，并抽出灵动的发丝。在抽丝时发量要均等、卷度和方向不同，要摆放在发区边缘的位置。

**实际应用：** 额饰可修饰中长脸形的新娘，额头过于饱满或发际线太靠后的新娘也可用额饰弥补。再佩戴今年流行的颈链，衬托出冷艳的气质。

01 用19号电卷棒将全部头发向内烫卷，注意要烫到发根处。

02 抽出刘海区的发丝，喷发胶定型，做出灵动的效果。

03 在顶区分出一束发片，然后做一个单包。

04 在发包的表面抽丝，整理出丰富的纹理。

05 用卡子将发包固定。

06 将发包的发尾顺着头发的卷度往上固定。

07 从右侧区取一束发片。

08 将发片均匀地分成两股。

09 用编鱼骨辫的手法一直编到发尾。

10 用手将发辫的两侧扯松。

11 将发辫固定在后区的中心位置。

12 取右侧区剩余的头发。

13 将头发均匀地分成两份。

14 用同样的手法编鱼骨辫。

15 将右侧区底部所有的头发加到发辫中。

16 用手将发辫的两侧扯松，整理出丰富的纹理。

17 将发辫固定在后区底部中心位置。左侧区用同样的手法处理，将全部头发编好。

18 在后区佩戴鲜花头饰，在额前佩戴围绕式花环头饰，修饰脸形。造型完成。

# 浪漫鲜花新娘造型6

**所用手法：** 抽丝。

**造型重点：** 这款造型采用反BOBO头效果，选用"二次元"不规则的刘海。越靠近头顶位置发片越密实，越往边缘发片越稀疏，以此体现出黑发的层次。选择的饰品与造型、脸形搭配，正好呈倒水滴状，上宽下窄的形式让新娘脸形更接近标准的瓜子脸。

**实际应用：** 此造型适用于一些长相娇美或五官较有特色的新娘。高冷的唇色搭配夸张而个性的花环颈饰，让整体造型既唯美又不失个性。

01 将短发梳理干净，并整理好刘海区的头发。

02 在顶区抽出发丝，喷发胶定型。

03 采用抽丝的手法将前区的头发抽出蓬松的效果，并喷发胶定型。

04 将左侧区的头发同样用抽丝的手法抽出根根分明的效果，喷发胶定型。

05 将右侧区的头发用抽丝的手法抽出根根分明的效果，喷发胶定型。

06 继续在空隙处抽出发丝，喷发胶定型。

07 注意发丝之间要衔接自然。

08 佩戴鲜花饰品，修饰脸形。注意佩戴鲜花的时候要整理出造型的层次。造型完成。

# 浪漫鲜花新娘造型7

**所用手法：** ①拧绳，②抽丝。

**造型重点：** 刘海区的造型要内实外虚，并在边缘抽出少许发丝，以修饰额头，越往两侧头发越少。

**实际应用：** 偏分且有层次的斜刘海可以拉长脸形，非常适合圆脸形的新娘。在拍摄当天如果新娘有多套衣服，建议化妆造型师在妆容上适当做些变化，让整体造型更丰富、耐看。

01 将全部头发往后梳理整齐，将其平均分成两股。

02 用两股拧绳的手法将两股头发拧成一条发辫。

03 将发辫向上提拉并在顶区固定。对发辫进行抽丝处理。

04 注意将发尾放在靠近发际线的位置。

05 将发尾抽丝，使其根根分明。将其摆放在额头的位置，以修饰脸形。

06 将顶区的头发打造出蓬松的效果，使其形状圆润饱满。将剩余的发尾提起。

07 将发尾抽丝，并喷发胶定型。

08 整理发尾的发丝，喷发胶定型。

09 在后区佩戴少许的鲜花，进行点缀。

10 在前区衔接位置戴上鲜花饰品，使造型更加饱满、完整。造型完成。

# 浪漫鲜花新娘造型8

**所用手法：** ①卷发，②编三股辫，③抽丝。

**造型重点：** 这款造型简约、精致，重点是运用发片不同的发量与卷度来塑造发型的层次感。

**实际应用：** 这款造型适合清纯、甜美的新娘。不管是妆容还是服装都围绕清纯、甜美展开，这样能够最大限度地保持新娘原本的淡雅之美。

01 用19号电卷棒将所有的头发烫外翻卷。

02 在右侧区分出一束发片。注意留出少量刘海。

03 将分出的头发用19号电卷棒烫外翻卷。然后将其整理好并摆放在后区头发的表面。

04 在后区两侧各取一束发片，用发卡固定在中间。

05 将后区的头发扎成一条低马尾。

06 将马尾均匀分成三股。

07 用三股辫编发的手法将头发编到发尾。

08 将发辫进行抽丝处理，并整理出丰富的纹理。

09 整理出空气感刘海，喷发胶定型。

10 整理卷发的纹理，并将其摆放在发际线位置，以修饰脸形。

11 在额头处取一小束发片，按照烫发的卷度摆放在发际线位置，以修饰脸形。

12 佩戴鲜花饰品。造型完成。

# 浪漫鲜花新娘造型9

**所用手法：** ①三加二编发，②抽丝，③卷发。

**造型重点：** 烫发时，停留的时间不要太久，让发卷自然即可，建议烫到发根；编发要自然随意，在表面抽出少量发丝；在顶区表面抽出部分发丝并上翻；此款造型比较简洁，所以可选择华丽的饰品装饰。

**实际应用：** 抽丝造型有很好的"减龄"效果，整体造型看起来有被风吹过的感觉；露出额头可以凸显新娘优雅的气质，还能起到拉长脸形的作用；两侧的头发可让新娘显得更加清纯。

01 在后区分出三股头发。

02 用三加二的手法编辫，一直编至发尾。

03 在后区上方表面抽丝，喷发胶定型。

04 在发辫表面抽丝，喷发胶定型。

05 抽丝完成后，将发尾用橡皮筋固定。

06 将两侧耳前的头发用19号电卷棒烫卷。

07 整理烫卷的发丝，修饰脸形。

08 在刘海区取少量头发，用19号电卷棒烫外翻卷。

09 将烫卷的头发整理成空气刘海。

10 佩戴鲜花饰品。造型完成。

# 浪漫鲜花新娘造型10

**所用手法：** ①卷发，②拧绳，③撕发，④盘发。

**造型重点：** 一般的盘发都会给人比较成熟的感觉，所以在打造此造型时，要特别注意撕发的位置和发量，先将刘海烫卷，再用手摆出空气感的内卷效果。

**实际应用：** 今年流行的色调是浅粉色系，而这款造型正好选用了粉色的花饰，能更好地衬托出新娘粉嫩的脸颊，体现出新娘甜美可人、明媚浪漫的气质。

01 用电卷棒将头发烫外翻卷。

02 将右侧耳前的头发分出。

03 将分出的发片用两股拧绳的手法进行处理，然后将发辫撕蓬松。

04 将发辫向上提拉至顶区。

05 将发尾固定在左侧耳上方。

06 将左侧耳前的头发分出。

07 用同样的手法进行拧绳处理，然后将发辫撕蓬松。

08 将发辫向上提拉至顶区，调整发辫的纹理。

09 将发尾固定在右侧耳上方。注意两条发辫要衔接自然。

10 在顶区分出一束发片，用两股拧绳的手法进行处理。

11 将拧绳好的发辫撕蓬松。

12 将发辫向上盘绕，形成花的形状并摆放在顶区位置，与前面的造型衔接。

13 将剩下的头发一分为二。将右边的头发进行拧绳处理。

14 将拧绳好的发辫撕蓬松。注意发辫表面不能毛糙。

15 将发辫向左上方提拉并固定，与顶区的盘发自然衔接。

16 取后区左侧的头发。

17 用拧绳的手法进行处理。

18 将拧绳好的发辫撕蓬松，注意发辫表面不能毛糙。

19 将发辫向右上方提拉并固定，与顶区的盘发自然衔接。

20 调整整体造型，注意各发区之间衔接应自然顺畅。

21 用19号电卷棒将刘海区的头发烫内卷。

22 将烫卷的头发整理成空气感刘海，喷发胶定型。

23 在两耳前整理好发丝，喷发胶定型。

24 佩戴鲜花。造型完成。

# 浪漫鲜花新娘造型11

**所用手法：** ①卷发，②三加二编发，③抽丝。

**造型重点：** 这款造型主要运了空气抽丝编发，在抽丝时发量一定要少，同时要选择小而精致的鲜花点缀造型；烫发的目的主要是统一发丝的方向，使造型不毛糙。

**实际应用：** 这款造型的特点是小巧、精致，能够体现出新娘的小女人味儿。这款造型与户外婚礼搭配，一定会有非常协调的效果。

01 用22号电卷棒将头发烫外翻卷。

02 在顶区分出一束发片。

03 将发片分成三股。

04 用三加二的手法将发辫编到颈部位置。

05 将剩下的头发采用编三股辫的手法编至发尾。

06 将编好的发辫放在右侧胸前。用橡皮筋将发尾固定。

07 在辫子表面抽丝，使发辫蓬松。将抽丝好的发辫喷发胶定型。

08 在刘海区取少量头发，用19号电卷棒将头发烫外翻卷。

09 将烫好的头发整理成空气刘海，喷发胶定型。佩戴鲜花饰品，点缀造型。

10 调整整体造型，使其更加完美。造型完成。

# 07
## 欧式复古新娘造型

　　欧式复古新娘造型能够展现出高贵、优雅的气质。浪漫的卷发、高贵的发髻都是欧式经典造型不可缺少的元素，再搭配奢华繁复的饰品，可使新娘犹如女王般高贵优雅，高傲美艳。欧式复古新娘妆容要求新娘五官轮廓清晰，具有立体感，同时高饱和度的性感唇妆也是必不可少的。

# 欧式复古新娘造型1

**所用手法：** ①卷发、②拧绳、③手推波纹。

**造型重点：** 刘海区用手推波的手法处理，同时佩戴蕾丝帽，能更好地体现女性的古典韵味；鲜艳的红唇加上复古高挑的眉毛，体现出新娘复古的贵族气质。

**实际应用：** 此款造型较适合内景拍摄；可搭配奢华、大气的礼服；选择礼帽或蕾丝饰品，可将欧式复古造型的浪漫、高雅、神秘展现得淋漓尽致。

01 用19号电卷棒将头发烫内卷。

02 在后区左侧竖向分出一束发片，并将头发拧转。

03 将拧转好的头发卷成圆形，并收干净，然后将其摆放在后区底部的发际线处，用卡子固定。

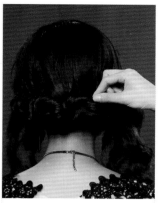

04 用同样的手法将后区的所有头发处理好。注意各造型之间的衔接要自然。

05 将刘海区的头发进行三七分。

06 用尖尾梳将右侧刘海往前推，尽量遮盖住额头2/3的位置。

07 用鸭嘴夹将波纹固定。

08 用同样的手法继续推出弧度。

09 下鸭嘴夹固定波纹。注意下卡子的方向与波纹的方向要一致。

10 将整片头发用同样的手法推至发尾。

11 用鸭嘴夹将发尾固定，然后喷发胶将波纹定型。注意发胶要喷均匀。将左侧的刘海用同样的手法处理。

12 搭配大眼网纱小礼帽饰品，使造型神秘而高贵。造型完成。

# 欧式复古新娘造型2

**所用手法：** ①卷发，②手推波纹。

**造型重点：** 夸张的欧式网纱礼帽搭配极具复古感的手推波纹造型，使新娘散发着欧洲古典气息，别致且高贵。

**实际应用：** 此款造型较适合五官立体、脸形轮廓感强的新娘。适合作为晚礼造型，可搭配性感的鱼尾裙以及华丽大气的饰品。

01 用19号电卷棒将全部头发烫卷。

02 将刘海区的头发进行三七分。

03 用手抓住右侧刘海，顺着头发的卷度摆出波纹的第一个弧度，然后喷发胶定型。

04 将波纹的发尾向后收，手摆波纹完成。

05 在耳后取一束发片，选择合适的发网。

06 将头发放进发网中。

07 将头发在耳后位置摆放成合适的形状，并用卡子固定。

08 取一个发网，将刘海区头发的发尾放进发网中。

09 将头发整理成S形，向上固定在前区。

10 将剩余的头发收起，并选择一个合适的发网。

11 将全部头发放进发网中，向内卷收，摆放在右侧，并用卡子固定。

12 将复古网纱帽戴在左侧，使整体造型更大气。

# 欧式复古新娘造型3

**所用手法：** ①卷发，②手推波纹。

**造型重点：** 浪漫的白色网纱礼帽与优雅的手推波纹造型相结合，同时腮红与唇妆色彩碰撞，使整体造型充满了法式的浪漫与优雅。

**实际应用：** 此款造型适合脸形不完美的新娘，可搭配白色婚纱礼服，手推波纹可很好地修饰脸形。

01 用19号电卷棒将全部头发烫卷。

02 分出右侧耳前的头发。

03 用尖尾梳向下推，打造出第一个波纹。

04 用鸭嘴夹将波纹固定。

05 采用同样的方法推出第二个波纹。

06 用鸭嘴夹将波纹固定。

07 用尖尾梳顺着弧度推出第三个波纹。

08 用鸭嘴夹将波纹固定。将左侧用同样的方法处理。

09 在刘海区分出一缕头发，整理成和手推波纹同样的弧度。

10 将额头处偏中间的刘海做成一个C字形的小卷并定型。

11 将后区的头发在脑后位置用鸭嘴夹固定。

12 取一束发片，用尖尾梳顺着头发的卷度向内梳。

13 将发尾向内翻卷并固定。

14 将后区剩余的头发用同样的手法处理。

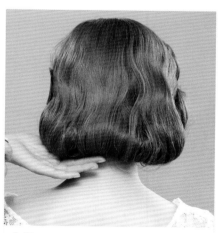

15 将固定好的头发喷发胶定型。

16 佩戴网纱礼帽头饰，在刘海区点缀森系小浆果头饰，增添整体造型的田园气息。造型完成。

# 欧式复古新娘造型4

**所用手法：** ①卷发，②做发包，③撕发，④手摆波纹。

**造型重点：** 这款造型在做手摆波纹时线条应比较柔和，饰品的选择很关键。

**实际应用：** 这款造型较适合发际线不流畅、太阳穴偏窄的新娘，手摆波纹可以很好地修饰脸形，可搭配鲜花类、纱类、帽类饰品。

01 用19号电卷棒将全部头发烫卷。

02 分出刘海区的头发，用橡皮筋将剩下的头发在后区扎成低马尾。

03 选择一个合适的发网。

04 将马尾中的头发包进发网中，做成一个发包，并用卡子固定。

05 取左侧刘海。

06 用手将其撕开，做出有纹理的手摆波纹。

07 用鸭嘴夹固定发片。

08 再取一个鸭嘴夹，将发片往上固定，做出第一个波纹。

09 将发尾用同样的手法，做出第二个波纹。

10 用鸭嘴夹将波纹固定，喷发胶定型。

11 将鸭嘴夹取下，将剩余的发尾收到耳后位置并固定。右侧的刘海用同样的方法处理。

12 在刘海区戴上花环头饰并搭配帽饰。造型完成。

# 欧式复古新娘造型5

**所用手法：** ①卷发，②做水波纹。

**造型重点：** 动感大波浪水波纹造型搭配深色玫瑰，少了些许繁复，增添了一丝魅惑，使整体造型利落大方、不失优雅。

**实际应用：** 此款造型较适合长发、额头偏宽、脸形需要修饰的新娘，可搭配晚礼服、鱼尾裙，无需点缀繁复的饰品，精致的妆容就是最好的搭配。

01 用19号电卷棒将所有头发朝一个方向烫卷，向内向外都可以。

02 将刘海三七分开，然后将刘海的根部抓高，将其处理蓬松。

03 若头发的根部塌下来，可用尖尾梳进行调整。

04 调整后用鸭嘴夹将其横向固定，这样就不会再塌下来了。

05 将头发摆出弧度，尽量将其摆放在眉腰上方，这样波纹会更加明显。

06 用鸭嘴夹将波纹的凹陷处固定好。

07 用同样的手法将左侧头发的弧度摆出来，并用鸭嘴夹固定。然后喷发胶定型，注意发胶不能太多。

08 待发胶干透后，将鸭嘴夹取下，并将发尾处理整齐。

09 将剩余的头发全部梳顺，尤其是里面的头发，不能打卷。

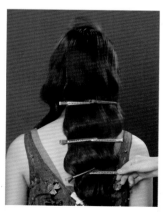

10 梳顺后在头发凹陷处用鸭嘴夹固定。注意整片头发上不能出现裂缝。

11 将发尾理顺，并喷发胶将全部头发定型。待发胶干透后，把鸭嘴夹取下。

12 搭配复古的头饰，体现新娘复古奢华的气质。

# 欧式复古新娘造型6

**所用手法：** ①卷发，②卷筒。

**造型重点：** 发片式包发刘海能很好地修饰脸形，体现出复古造型的浪漫；帽饰的搭配更是锦上添花，为新娘增添了几分优雅与温婉。

**实际应用：** 此款造型适合脸形偏大、额头需修饰的新娘，帽饰与鲜花的搭配表现出馥郁浪漫之感，可搭配白纱、礼服等优雅的修身服装。

01 用大号电卷棒将头发烫卷后用梳子梳顺，然后分出顶区的发片。

02 用发蜡棒将碎发抹干净，使发片表面光滑。

03 将刘海区处理光滑的头发进行卷筒处理，将发尾藏好并固定。

04 在左侧区耳朵上方分出一束发片。

05 将分出的发片向上并向内打卷，将发尾藏好。

06 把发片收干净并固定，注意卷筒要饱满。将右侧区相同位置的头发用同样的方法处理。

07 将后区的头发分为两部分。将左侧处理好，具体操作以右侧为例。

08 将右侧头发分发片倒梳，让发片更加饱满。

09 用尖尾梳将倒梳好的头发的表面梳光滑。

10 将右侧的头发进行打卷处理。

11 将打好卷的头发在靠近发根处固定。

12 为造型搭配礼帽、小碎花饰品，让新娘更具优雅复古的气质。造型完成。

# 欧式复古新娘造型7

**所用手法：** ①卷筒、②盘发。

**造型重点：** 刘海区采用卷筒的手法能更好地修饰脸形，这款小卷高盘发造型减少了新娘的稚气，增添了优雅与温婉的气质。

**实际应用：** 此款造型适合脸形偏圆、额头需修饰的新娘。复古风妆容造型搭配珍珠蕾丝帽饰，让造型精致而不浮夸。建议搭配简约款的白纱或礼服。

01 将后区全部头发往后梳，并扎一条低马尾。

02 将马尾平均分成两份。

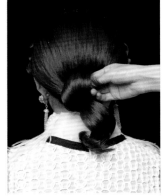

03 将马尾中左侧的发片向上翻卷。

04 用卡子将翻卷的头发固定在枕骨位置。

05 将马尾中右侧的头发梳顺。

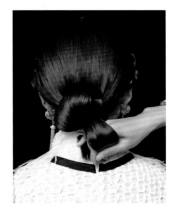

06 将梳顺的发片向内侧翻卷。

07 将翻卷好的头发固定在后区的发际线处。

08 将右侧刘海区的头发用19号电卷棒烫内卷。

09 顺着发卷的方向将右侧刘海整理出纹理。

10 将整理好的头发固定在右耳上方。将左侧刘海区的头发用同样的方法处理。

11 佩戴帽饰，使新娘更具复古感。造型完成。

# 欧式复古新娘造型8

**所用手法：**①卷发，②手摆波纹。

**造型重点：**在打造这款造型时，要将碎发处理干净，使整体造型干净、整洁；发片之间要自然衔接，这样才能使造型饱满；此款造型可搭配鲜花、网纱、帽饰、缎类饰品。

**实际应用：**此款造型适合脸形偏圆、发际线不流畅的新娘，刘海的设计恰好可以修饰发际线。

01 用19号电卷棒将所有头发烫内卷。将刘海区三七分，并从左侧耳前分出一束发片。

02 将分出的发片摆出一个波纹。

03 分出第二束发片，继续摆出波纹形状。将发尾固定在耳后。

04 将右侧刘海区的一束发片以相同的手法处理。

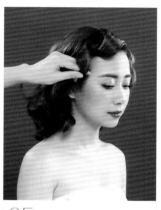

05 将发尾向下卷，并固定在发际线的位置。

06 再分出一束发片，将发片往内卷，与第一束发片衔接。

07 将第二束发片的发尾收在固定第一束发片发尾的地方，使其自然衔接。

08 在右侧区耳后分出一束发片往前卷，以修饰脸形。用同样的方法把右侧区的头发全部处理好。

09 在左侧区分出一束发片，向外翻卷。

10 调整好发卷的位置，下卡子将其固定。

11 用同样的方法将剩下的头发处理好。注意后区整体造型的轮廓要饱满，其宽度向下逐渐变小。

12 佩戴帽子，让整体造型更贴合主题。造型完成。

# 欧式复古新娘造型9

**所用手法：**①卷发。②手摆波纹。③抽丝。

**造型重点：**刘海区的手摆波纹和精心摆放的发丝能很好地修饰脸形；在打造造型的时候，要注意后区的头发自然衔接；饰品的选择要与整体造型协调。

**实际应用：**此款造型适合晚礼的拍摄，可搭配一字肩服装，服装可选择偏冷色系的颜色；可搭配网纱、帽饰、深色鲜花等饰品，从而凸显新娘神秘优雅的气质。

01 用19号电卷棒将全部头发烫卷。

02 用手顺着烫卷的弧度将头发向内卷。

03 将卷好的头发向上固定好。

04 将后区的头发用同样的手法整理出弧度。

05 将整理好的头发向上固定。

06 将刘海区的头发往前摆放，做第一个手摆波纹。

07 在凹陷位置用鸭嘴夹固定，并喷发胶定型。

08 根据发卷的卷度用手将发尾整理好。

09 根据头发的卷度将头发向上卷。要注意与后区的头发衔接自然。

10 将发尾整理出C字形的发卷，并摆放在耳前方，以修饰脸形。

11 在右侧佩戴玫瑰花头饰，作为点缀。

12 在头顶位置佩戴网纱帽子头饰。

13 在刘海区左侧取一束头发，用手绕成C字形的发卷。

14 将发卷摆放在额角位置，用鸭嘴夹固定，并喷发胶定型。

15 再从刘海区左侧取一束头发。

16 选择一朵玫瑰花头饰，将头发绕在上面。

17 将玫瑰花和头发固定在刘海区左侧位置。

18 用同样的手法固定两朵玫瑰花。然后顺着头发的卷度将剩余的头发向内卷。

19 用手抽出头发的纹理。

20 将整理好的头发固定在左侧，并喷发胶定型。造型完成。

# 08
## 轻奢复古新娘造型

当提到复古风格的时候，大家可能第一时间会想到奥黛丽·赫本的高贵典雅，玛丽莲·梦露的妖娆性感。而本章所讲的轻奢复古风格，其灵感来自森系风格与复古风格的结合。丢弃了复古妆容浓艳的眼妆，只保留了较有特点的大红唇，融入了森系风格的自然清透眼妆，这样既能凸显高雅气质，又能达到"减龄"的效果，一举两得。

造型依然保留了复古的经典手法，如手推波纹、手摆波纹、S纹理等，并在原有的基础上融入了如今主流的抽丝手法。饰品的搭配尤其重要，材质与搭配技法都以显年轻为主。

# 轻奢复古新娘造型1

**所用手法：** ①卷发，②内翻卷，③包发。

**造型重点：** 为了表现包发的线条感，要注意发丝的光泽和弹性，且造型轮廓不能太大，这是轻复古造型的重点。可以选择创意唯美的粉色系花饰，这样更能展现出发丝的质感。

**实际应用：** 脸形偏长的新娘可用饰品稍微修饰额头。脸形太圆的新娘不建议选择此款造型。

01 用19号电卷棒将全部头发烫卷。

02 将头发中分，用橡皮筋将全部头发扎成低马尾。

03 在马尾中分出来一束发片。

04 将发片向上翻卷。

05 注意发片表面一定要保持光滑，不能有碎发。

06 用卡子将翻卷好的发片和底部头发固定在一起。

07 取固定好的头发的发尾，向内翻卷。

08 将翻卷好的头发用黑色卡子固定。

09 将剩余的头发均匀地分成几份，然后用同样的手法将头发翻卷并做包发，形成一个不规则的花苞形状。

10 在刘海区佩戴绢花头饰。造型完成。

# 轻奢复古新娘造型2

**所用手法：** ①卷发，②拧绳，③抽丝。

**造型重点：** 采用拧绳或包发的手法将两侧的头发收向枕骨位置；将刘海区的头发拧绳，并将发片稍微扯松，然后摆出漂亮的弧度，以修饰额头。

**实际应用：** 这是一款时尚轻复古风格的中高髻新娘造型，适合脸形偏圆的新娘，可以拉长新娘的脸形。

01 用22号电卷棒将所有头发烫内卷。

02 将头发中分，然后在刘海区左侧分出一束发片，用两股拧绳的手法处理。将拧好的发辫抽松。

03 将抽丝好的发辫固定在原来取发的位置。注意形状要圆润。

04 在刘海区右侧分出一束发片，用两股拧绳的手法处理。

05 将拧好的发辫抽松。注意发辫不能抽得太松散。

06 将发辫固定在原来取发的位置，要与另一侧的头发自然衔接。

07 在顶区取一束发片，并分成两股。注意两股发片的发量要尽量均匀。

08 将所取的头发用拧绳的手法处理。

09 将拧好的头发抽松，注意每股都要扯出发丝。

10 将发辫固定在取发位置，并与刘海区的头发自然衔接。

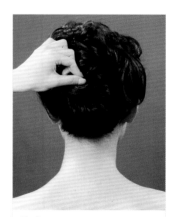

11 将剩下的头发用同样的手法处理并固定在后区。注意造型要圆润、饱满。

12 由于造型纹理复杂，所以饰品尽量以点缀的方式戴在头发上，这样更能凸显造型的纹理感。

# 轻奢复古新娘造型3

**所用手法:** ①卷筒。②手摆S形。

**造型重点:** 这款造型的核心是两侧对称的发髻;另外,在选择饰品的时候要注意色调、材质应与整体造型相搭配。

**实际应用:** 这款造型不适合脸形偏圆的新娘,对于脸形偏长的新娘会有很好的修饰效果。

01 将头发进行中分，要注意将两边的头发梳理干净。

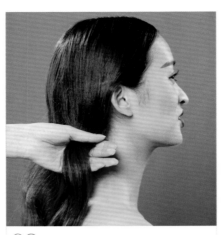

02 在右侧区取一束发片。

03 将发片向内翻卷，用卡子固定。

04 将固定好的头发的发尾取出。

05 将发尾向上翻卷。注意头发的表面一定要干净，用卡子将翻卷好的头发固定。

06 将剩余的发尾用尖尾梳梳理整齐。

07 将发尾用手摆放成一个S形。

08 在后区分出一束发片，发量要适中。

09 将发片向上翻卷，做出一个卷筒状，并用卡子固定。

10 将发尾用尖尾梳梳理整齐。

11 将发尾向上翻卷。注意发片与发片之间不能重叠，用卡子固定。

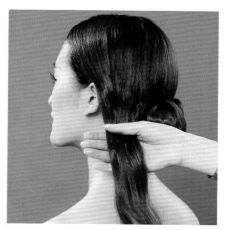

12 分出左侧区的一束发片。

13 将发片向内翻卷。

14 将翻卷好的头发用卡子固定。

15 整理发片剩余的发尾。

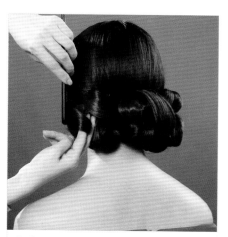

16 用尖尾梳将发尾表面梳理干净。将发尾向上翻卷。

17 用手整理出一个C形卷，用U形卡固定。注意卡子不要露在头发表面。

18 在前区佩戴网纱头饰，并在两耳前对称地佩戴花朵头饰，使整体造型看起来不那么单调。造型完成。

# 轻奢复古新娘造型4

**所用手法:** ①卷发,②上翻卷,③手摆波纹。

**造型重点:** 复古手摆波纹造型讲究线条感和光泽感,发片不需要太伏贴、太紧,而是要注重S形的流畅度,重在修饰新娘的脸形。

**实际应用:** 此款造型特别适合修饰脸形较方的新娘。两侧紧贴脸颊的发丝及线条柔和的造型,不但能遮盖脸形不完美的地方,还能让方脸形的线条不再生硬。

01 用19号电卷棒将头发向外烫卷。

02 在左侧区分出一束发片，将发尾往上翻卷。

03 下卡子将翻卷好的头发固定。注意发片表面要光滑。

04 以同样的手法将后区头发的发尾向上翻卷，并下卡子固定。注意发片之间衔接要自然。

05 调整发卷的位置，喷发胶定型。

06 将刘海区的头发中分，将右侧的头发用手摆波纹的手法摆出波纹形状。

07 用鸭嘴夹将波纹固定，注意使波纹在眉峰的上方，然后喷发胶定型。

08 在波纹凹陷处用鸭嘴夹固定。

09 用同样的手法摆出第二个波纹，喷发胶定型。

10 用鸭嘴夹将波纹固定。

11 整理好发尾，用卡子固定。将左侧刘海区的头发用同样的手法处理。

12 取下鸭嘴夹，佩戴鲜花。造型完成。

# 轻奢复古新娘造型5

**所用手法：** ①卷发，②单卷，③包发，④抽丝。

**造型重点：** 刘海区的旋风造型越到边缘，发量越少，与饰品自然衔接；将后区两侧的造型固定好后轻拉表面的发丝，注意抽丝时应错层取发，制造交叉而不空洞的立体感。

**实际应用：** 这款造型充满线条感，搭配浓郁的油画质感妆容，既大气又实用，无论是表现轻复古新娘造型，还是表现高贵的晚礼造型，均可选用。

01 用19号电卷棒将头发烫卷。

02 分出刘海区的头发，用尖尾梳将其梳理平整。

03 把刘海区的头发平均分为两片，然后向同一个方向倒梳。接着打造出旋风的造型。

04 从左侧区分出一束发片并倒梳，让发片更加饱满。将倒梳好的发片向上提拉。

05 把发尾固定在头顶。

06 在后区右侧取一束发片，并将其倒梳，让头发更蓬松。

07 将发片向上提拉，以包发的手法固定在枕骨位置，把发包表面梳理光滑。

08 在后区左侧取一束发片并倒梳。

09 向上提拉发片并往上卷，拱出弧度。注意将发尾也卷起。

10 将剩余的头发以相同的手法进行处理，注意发包要饱满。

11 将头发进行抽丝处理，喷发胶定型。

12 佩戴有一点金属元素的饰品。造型完成。

# 轻奢复古新娘造型6

所用手法：①卷发。②拧绳。

造型重点：在打造这款造型时，刘海区的头发要干净、紧实，同时纹理要清晰，头发表面要有光泽；独具特色的是额角的小卷发，使新娘帅气个性又不失俏皮。

实际应用：这款造型能够拉长脸形，适合脸形偏短的新娘；整体造型极具个性，再结合一场复古主题的婚礼，让人有种穿越感。

01 用19号电卷棒将头发烫内卷。

02 分出刘海区的头发。

03 采用拧绳的手法将刘海拧紧。

04 将拧好的发辫摆放在额头位置，并修饰脸形。

05 将发尾整理出烫卷的纹理，摆放在鬓角处。

06 在右侧区顶部分出一束发片，用相同的手法将发片拧紧。

07 将拧好的发辫往向上固定，与前面的造型自然衔接。

08 在右侧区顶部再分出一束发片，用相同的手法将发片拧紧。

09 将发辫向上提拉，并调整好位置。

10 下卡子将发辫固定，注意发辫之间自然衔接。

11 取右侧区剩余的发片。

12 用扭绳的手法将发片拧紧。

13 将拧好的头发向上提拉，下卡子固定。

14 调整发辫的位置，与前面的发辫自然衔接。将左侧区的头发用相同的手法处理。

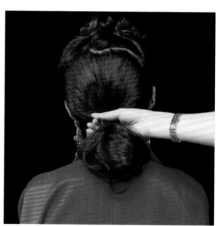

15 将后区的头发扎成马尾。

16 用单包的手法将马尾向上提拉并固定。

17 将发尾与头顶的造型衔接。

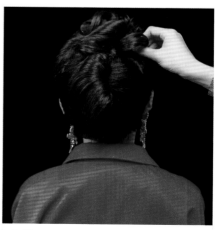

18 整理好发尾并将其固定好。造型完成。

# 轻奢复古新娘造型7

所用手法：①卷发，②抽丝。

造型重点：两侧低髻卷发蓬松可爱，流苏式的刘海个性十足。

实际应用：这款造型不太适合脸形偏长或偏圆的新娘。模特本身长相甜美，复古的曲线形刘海增添了几许风情。

01 用19号电卷棒将头发烫外卷。在额头前留一层薄薄的刘海。

02 从两额角位置经过脑后分出顶区的头发。

03 将顶区的头发整理成丸子头。将丸子头撕蓬松，并喷发胶定型。

04 将刘海区的刘海用尖尾梳整理出根根分明的效果。

05 将整理好的刘海摆放在额前，以修饰脸形。注意刘海不能低于眉头。

06 将发尾整理出卷曲的纹理。

07 在顶区抽出发丝，喷发胶定型。

08 调整侧区头发的纹理，并佩戴白色蝴蝶头饰，使造型更具仙气。造型完成。

# 轻奢复古新娘造型8

所用手法：①卷发，②卷筒，③包发。

造型重点：空气感的内扣大卷刘海，发根不能贴于额头，转折处需在眉峰上方位置，可恰到好处地修饰脸形。

实际应用：这款造型适合额头偏宽的新娘，同时整体造型充满线条感，将狂野不羁的朋克风驯化得唯美而甜蜜。

01 用19号电卷棒将所有头发烫外翻卷。

02 分出刘海区的头发。

03 将刘海区的头发向内卷，并将其固定在发际的边缘。

04 在刘海发卷的边缘抽出三到四缕头发，并喷发胶定型，制作空气内扣刘海。

05 取右侧区的头发。

06 将头发卷成卷筒，并固定在头顶。将左侧区的头发用相同的手法操作。

07 将后区全部头发收在一起。

08 将头发用单包的手法固定在头顶处。

09 将发尾整理成发包，将其固定在后区的空缺处。

10 在头发表面抽出一缕缕发丝，并喷发胶定型。

11 注意发胶不需太多，一定要使造型清爽。

12 在头顶造型区中间的空缺位置点缀呈倒三角形的花饰。造型完成。

# 轻奢复古新娘造型9

**所用手法：**①卷发，②做C字形波纹。

**造型重点：**这款造型的重点在右侧，将刘海区与右侧区的头发做成两个C字形波纹，并将发尾内收，然后在衔接位置用撞色饰品点缀。

**实际应用：**这款造型适合脸形比较精致的新娘，整体造型饱满、流畅，刘海区的造型也能对额头不够饱满的新娘起到很好的修饰作用。

01 用19号电卷棒将所有头发烫平卷。

02 在脑后及两侧位置用鸭嘴夹将头发固定。

03 将刘海三七分。用手抓住右侧的发片，顺着发片的纹理做出波纹，然后用鸭嘴夹将其固定。

04 将左侧的刘海用同样的手法操作，向前做出一个波纹并固定。

05 将左侧的发尾用手顺着头发烫卷的弧度向内卷。

06 将发尾做成一个卷筒的形状并固定。注意头发表面一定要干净。

07 分出右侧鸭嘴夹固定的发片，用手顺着头发烫卷的弧度向内卷。

08 将发片做成一个卷筒的形状并固定。

09 取后区剩余的发片。

10 用同样的手法将发片向内卷。

11 将发片做成一个卷筒的形状并固定。要注意与其他发片自然衔接，中间不能有空隙。

12 在刘海区两侧波纹处戴上森系头饰。造型完成。

# 轻奢复古新娘造型10

**所用手法：** ①卷发，②抽丝。

**造型重点：** 此款新娘盘发的重点在于不厚重的高髻。黑色神秘网纱遮面造型是复古造型的佳选，而豆沙红的饰品与卷发发丝相互穿插，给人一种神秘的感觉。

**实际应用：** 这款造型对新娘脸形的要求较高，适合五官立体、轮廓感比较强的新娘。与欧式婚礼搭配，一定会有十分完美的效果。

01 用19号电卷棒将头发烫外卷。

02 将所有头发往后梳理整齐，扎一条高马尾。

03 取一块黑色网纱戴在刘海区，网纱的最低点在鼻底线处。

04 在发际线的位置佩戴饰品。

05 从马尾中分出一束发片，并将发片向前翻卷。

06 选择一朵鲜花放在刘海区，将发尾覆盖在鲜花上。

07 在马尾中多分出几束发片，向前覆盖在鲜花上。

08 从马尾的左侧取一束发片。

09 将所取的发片整理蓬松，覆盖在左侧区靠前的位置，与刘海区的造型自然衔接。

10 取一朵鲜花，并放在马尾中的一束发片的表面，将发片绕在鲜花上。

11 调整好位置，用卡子固定。用同样的手法将马尾右侧的头发处理好，注意整体造型要饱满。

12 在刘海区抽出少许发丝，整理成根根分明的效果，并喷发胶定型。造型完成。

# 09

## 日系田园新娘造型

　　日系田园新娘造型要注重简单唯美、清新明亮，多用蕾丝、网纱或鲜花作为点缀，让新娘的恬静柔美自然流露。鲜花自然地绕过看似随意的发丝，一幅清纯美少女翩翩起舞的田园景象便浮现在我们的脑海里。妆容方面要体现出清晰明亮的眼眸、自然无修饰的眉毛、充满少女感的腮红及低调饱满的唇妆。

# 日系田园新娘造型1

**所用手法：** ①编鱼骨辫、②抽丝、③两股拧绳。

**造型重点：** 在编鱼骨辫时要注意头发的分配量，摆放时是倾斜有弧度的，同时要尽量与后区的头发连接成环形。两侧飘逸的发丝能很好地减少编发的厚重感。饰品采用不对称的搭配方式，并注意修饰造型空缺的位置。

**实际应用：** 这款造型能对额头较高或脸形偏长的新娘起到修饰发际线的作用，尤其是饰品的搭配能让长脸形的新娘显得更加年轻。

01 在右侧耳后取一束发片，并将其分成两股。

02 用编鱼骨辫的手法处理，注意取发要均匀。

03 将编好的鱼骨辫抽松，使发辫具有纹理感且更加立体。

04 将辫子绕过额头并固定到左侧耳后，起到修饰脸形的作用。

05 在左侧耳后取一束发片，将发片分成两股，并用相同的手法编鱼骨辫。

06 将编好的鱼骨辫抽松，注意调整发辫的纹理感。

07 将发辫绕过顶区并固定在右侧耳后。注意发辫倾斜的弧度。

08 将后区剩下的头发扎成低马尾，然后在脑后位置扯出几缕发丝。

09 将马尾分成两股，然后交叉拧绳至发尾。

10 将拧好的马尾向上提拉并摆放在后发际线处，下卡子固定。注意摆放的位置要合适。

11 对固定好的发辫进行抽丝处理，造型要干净、饱满。

12 在前后头发衔接的位置用不对称的方法佩戴鲜花饰品。造型完成。

# 日系田园新娘造型2

**所用手法：** ①两股拧绳，②抽丝，③手摆波纹。

**造型重点：** 拧绳抽丝后，一定要注意将头发固定在原来取发的位置，避免出现空缺。在后区取发时，不能有明显的边界线；刘海的发量不能太多，且刘海要呈S形，有空隙感；为了让头发更伏贴，可用少量啫喱处理。

**实际应用：** 此款造型的两边比较饱满，可拉宽脸形，适合额头较宽、脸形偏长的新娘。

01 用19号电卷棒将刘海区以外的头发烫外卷。

02 将刘海二八分，将右侧刘海分成两股。

03 采用两股拧绳的手法将头发拧成两股辫，然后进行抽丝。注意发辫表面不能毛糙。

04 将抽松的发辫整理成一朵花形，固定在发根处。将顶区的头发用拧绳的手法处理并固定。

05 将左侧耳上方的一束发片分成两股。

06 同样用两股拧绳的手法进行处理，并进行抽丝。

07 将抽松的发辫整理成一朵花形，在顶区固定。用同样的手法将左侧的头发全部处理好。

08 在后区分出一束发片，用两股拧绳的手法进行处理。

09 将拧好的发辫进行抽丝。注意发辫表面不能毛糙。

10 将抽松的发辫整理成一朵花形，向上提拉，并与顶区的头发自然衔接，用卡子将其固定在发根处。

11 用相同的手法将后区剩余的头发处理好。固定时注意与顶区的头发自然衔接。

12 用19号电卷棒将刘海区左侧的头发烫内卷。

13 烫好后用尖尾梳往前摆出波纹，到眉心上方。

14 将波纹摆好后，用鸭嘴夹固定，并喷发胶定型。

15 用同样的手法摆出第二个波纹并固定。

16 将发尾整理干净，按照烫卷的弧度摆出卷曲的形状，与手摆波纹自然衔接，以修饰脸形。

# 日系田园新娘造型3

**所用手法：**①卷发，②抽丝。

**造型重点：**这款造型在烫发时尽量选择大号的电卷棒，将发尾微卷即可；随意抽出的发丝要有虚实相间的感觉；粉色的蕙兰轻绕于颈部，与灵动的发丝相互衬托。

**实际应用：**这款造型简单灵动，满怀少女风，适合较瘦、脖子较长的新娘。

01 用25号电卷棒将刘海区以外的头发烫外卷，然后将烫好的头发整理蓬松。

02 将惠兰做成花环的形状。

03 将花环佩戴在颈部，然后将花环旁边的发丝抽松，并喷发胶定型。

04 将左右侧区的头发整理出蓬松的感觉。

05 用19号电卷棒将刘海区的头发烫外翻卷。

06 将烫好的头发整理蓬松，并抽出发丝，注意发丝的纹理要干净，然后在两侧戴上鲜花。造型完成。

# 日系田园新娘造型4

**所用手法：** ①卷发、②手摆S形。

**造型重点：** 此款造型的重点在于对卷发的整理。在打造造型时，必须将全部头发打散，要保留头发原来的卷度，尤其是额头处头发的发根要往上整理蓬松，让造型更加飘逸灵动。

**实际应用：** 这款造型适合发丝比较细软、头发较长的新娘，这样才能将造型的韵味展现出来。

01 用22号电卷棒横向将头发向内烫卷。

02 在烫卷后的头发上喷干胶。

03 根据头发的卷度将刘海区的头发摆出S形，注意与额头之间要留有一定的空间，不能贴住头皮。

04 继续将刘海区的头发摆出S形，以修饰脸形。

05 将右侧烫卷的头发用干胶定型成一缕缕的效果。

06 用同样的方法处理左侧的头发。

07 用鲜花饰品修饰额角处的刘海分界线。

08 在长发的不同位置用小花点缀，呼应整体造型。造型完成。

# 日系田园新娘造型5

所用手法：①卷发，②编鱼骨辫，③抽丝。

造型重点：为了使造型不露出边界线，可选用波浪形进行分区；编发时尽量将耳朵遮盖住，可让造型显得更俏皮活泼；随意抽出的发丝使原来紧实的造型更加饱满灵活；散落的小碎花将田园风格展现得淋漓尽致。

实际应用：这款造型的灵感来源于纯真自然的田园少女，因此是娇小、可爱型新娘的佳选。

01 用22号电卷棒将头发向内烫卷。烫发时停留的时间不要太长，以使头发的卷度更自然。

02 采用波浪形的方法将头发分成左右两个区。

03 将左侧区的头发平均分为两束并上下交错。在头顶处留出部分发丝。

04 用编鱼骨辫的手法编发。添加的小束发片分别取于两股头发中。将发片交错加入，注意不要重叠。

05 采用同样的手法一直将发辫编到发尾。

06 将鱼骨辫进行抽丝处理，体现出发辫的纹理感。

07 将发尾用橡皮筋固定。然后用同样的方法处理右侧区的头发。

08 将头顶留出的小束发丝用22号电卷棒烫外卷。

09 用手调整发丝的同时还需注意体现造型的轮廓，然后喷发胶定型。

10 在额前佩戴植物饰品。

11 在头顶和发辫处佩戴小碎花，使其相互呼应。造型完成。

# 日系田园新娘造型6

**所用手法：** ①卷发、②拧发、③单包、④抽丝。

**造型重点：** 此款造型的重点在于对刘海区的处理，刘海区的发丝将发际线遮盖住，抽出的发丝散落在额头处，以增加造型的空气感；用色彩丰富的鲜花装饰造型，并在脸部随意点缀花朵，凸显出新娘如花季少女般的柔情。

**实际应用：** 这款造型比较适合脸形偏短、偏圆以及脖子较短的新娘。空气感的发丝与饰品能让新娘显得更加轻盈，且仙气十足。

01 用19号电卷棒将所有头发烫外卷。

02 分出刘海区的头发，然后将余下的头发在后发际线处拧紧。

03 用单包的手法将拧紧的头发往上提，并固定在靠近顶区处。

04 将发包的发尾撕开，喷发胶定型。

05 将刘海区的头发拧紧。

06 将拧紧的头发卷成圆形，将发际线遮盖好，然后抽出发丝。

07 将发尾摆出一定弧度，将发丝抽成一定的距离，不能显得太厚重。

08 在左右两侧抽出发丝，喷发胶定型。

09 佩戴鲜花，在脸上粘贴小花朵，使整体造型更协调。造型完成。

# 10
## 端庄中式新娘造型

　　中式新娘造型也是非常受欢迎的新娘礼服造型之一。它既可用作出门礼服，也可在敬酒的时候穿，是非常有传统特色的服饰，能够体现出新娘端庄、高贵、典雅的气质。中式新娘造型以低盘发、对称式、高盘发为主，最吸引人的就是刘海造型，刘海包括桃心式、正三角式、倒三角式、短齐式等。

# 端庄中式新娘造型1

**所用手法：**①卷发、②包发、③编三股辫、④四叶草编发。

**造型重点：**中分低发髻造型能体现新娘端庄、优雅的气质。在打造后区蝴蝶状的包发时，要注意发片上多下少，四束发片间的距离要控制好；四叶草编发与蝴蝶状的包发相呼应，使造型更加优雅，同时还增添了清纯感。

**实际应用：**此款造型没有太多修饰，也没有运用繁复的手法，适合脸形较精致、身材偏瘦的新娘。

01 在头顶分出三束发片备用。用19号电卷棒将剩下的头发向外烫卷。

02 分出刘海区的头发，将烫卷的头发往后梳，扎一条低马尾。

03 将马尾分成四份。

04 将第一份头发整理成片状。

05 将发片向上翻卷，并在左上方下卡子固定。注意发片要立体。

06 将第二份头发整理成片状。

07 将发片往上翻卷，并在左下方下卡子固定。

08 调整发卷的形状，注意发卷表面不能毛糙，发片要立体。

09 取出第三份头发，继续用同样的手法向上翻卷。

10 将发片向右上方下卡子固定。注意发卷表面不能毛糙，发片要立体。

11 取出第四份头发，并预留出少量头发。

12 用同样的手法将发片往上翻卷。

13 将发片向右下方下卡子固定。注意发卷表面不能毛糙，发片要立体。

14 将预留出的头发用尖尾梳梳顺。

15 用三股辫编发的手法将梳理好的头发编到发尾。

16 将编好的三股辫向上提拉，用卡子固定成蝴蝶的触角状。

17 取出顶区右侧预留的发片，用橡皮筋与手指结合，绕出四叶草的第一片叶子。

18 用同样的方法绕出四叶草的第二片叶子。

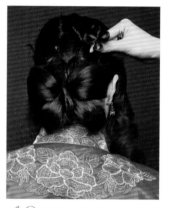

19 继续绕出剩下的四叶草叶片，并将发尾绑好。将四叶草发辫固定在蝴蝶状造型的上方。

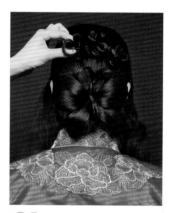

20 以同样的手法做出剩下的两个四叶草，并固定在脑后区域。

21 将刘海区的头发中分。将刘海区右侧的发片整理光滑，将其自然摆放在发际线位置。

22 将发尾用三股辫编发的手法编好，用橡皮筋固定。将发辫下卡子固定在后区，与后区造型自然衔接。

23 用同样的手法处理刘海区左侧的发片。

24 佩戴中式古装饰品，使造型看起来更华丽、复古。造型完成。

# 端庄中式新娘造型2

所用手法：①单包，②真假发结合。

造型重点：固定假发辫时需要注意距离和高低层次，不能太统一。后区的燕尾假发让造型更加高贵，要注意假发的颜色应与真发一致。

实际应用：这款造型给人干净、整齐的感觉，让新娘更显清秀；这款造型又具有一定的高度，让新娘看起来更端庄，且具有"减龄"效果。

01 将后区的头发平均分成两份。选择合适的燕尾假发并固定在中间。

02 将后区左侧发片的表面梳理光滑，以单包的手法将其向右上方提拉。

03 下卡子固定，并将发尾收好。

04 将右侧的发片同样以单包的手法向左上方提拉。

05 下卡子固定，并将发尾收好。

06 将刘海区的头发中分。整理刘海区右侧的发片，并将其自然地摆放在发际线位置。

07 将发尾用卡子固定在头顶处，与后区造型自然衔接。用同样的手法处理刘海区右侧的发片。

08 选择合适的流苏刘海假发，固定在发际线中间，使造型更具古典韵味。

09 选两条合适的假发辫。

10 将其中一条假发辫扭成8字形，固定在顶区。

11 用相同的手法将另一条假发辫固定在顶区。整理好两条辫子的形状，使其自然衔接。

12 佩戴中式古装饰品。造型完成。

# 端庄中式新娘造型3

**所用手法**：①卷筒，②卷发。

**造型重点**：后区不规律的包发与前区的对称式造型结合，让新娘显得端庄而不失俏皮。做单卷时要向外翻卷，这样能让造型更加饱满。顶区的蝴蝶状发卷可根据脸形决定高度。两侧的刘海可修饰颧骨，对称的造型搭配对称的饰品。

**实际应用**：此款造型能够很好地修饰太阳穴凹陷且颧骨较高的脸形，适合脸形偏长和菱形脸的新娘。

01 在顶区取一束发片，将发片往外翻，并固定在顶区。

02 将后区的头发扎成马尾，将其固定在枕骨位置。

03 将后区的马尾分为三等份。将中间的发片往上翻卷并摆放在后区中间，然后用卡子固定。

04 将发尾继续往上翻卷，做成卷筒，用卡子将其固定好。

05 用同样的方法将发尾全部做成卷筒并固定。

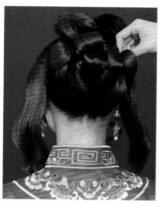

06 用同样的手法将剩下的两束发片也做成卷筒，并分别固定在后区的左右两侧。

07 将左侧区的头发整理干净。

08 以卷筒的手法将发片向上翻卷。

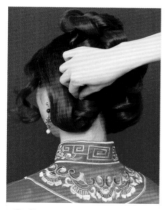

09 将调整后的卷筒固定在后区，与后区的头发衔接。用同样的手法处理右侧区的头发。

10 将刘海区的头发中分，用19号电卷棒烫内卷。

11 根据烫卷的形状，下卡子将刘海区的头发固定在发际线的位置，以修饰脸形。

12 佩戴中式华丽的头饰，使造型更加端庄。造型完成。

# 端庄中式新娘造型4

**所用手法：** ①翻卷、②手推波纹。

**造型重点：** 此款造型的重点在于前区对刘海的修饰。为了使前区手推波纹更好地衔接，可将波纹错开。注意手推波纹之间的距离要统一，且遮盖额头三分之二的位置，让波纹的纹理更加明显。

**实际应用：** 对于脸形偏长、额头偏宽或偏高以及想显得高贵妩媚的新娘，这款造型是十分理想的选择。

01 分出刘海区的头发，将剩余的头发全部往后梳，扎一条低马尾。

02 在马尾中分出一束发片，将其向上翻卷，并下卡子固定。

03 将发尾用同样的手法向左侧摆放，下卡子固定。注意发片的纹理要丰富。

04 在马尾中分出第二束发片。

05 用相同的手法将发片向上翻卷，并向右侧摆放，下卡子固定。

06 将发尾用同样的手法向右侧摆放，下卡子固定。

07 取马尾中剩余的发片。

08 用相同的手法将发片向上翻卷，将翻卷好的发片摆放在后区的中间位置，下卡子固定。

09 将发尾用相同的手法处理。

10 将处理好的发尾下卡子固定。注意发片与发片之间要自然衔接。

11 在刘海区右侧进行手推波纹处理。将刘海区左侧的头发梳顺。（手推波纹的操作方式以左侧为例详述。）

12 将鸭嘴夹固定在头发的根部。

13 用尖尾梳推出第一个波纹。

14 将波纹用鸭嘴夹固定，并喷发胶定型。

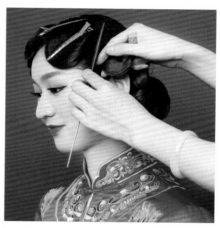

15 继续将刘海区的头发往上推出第二个波纹，用鸭嘴夹将其固定。

16 用同样的手法推出剩下的波纹，注意波纹之间的距离要均等。

17 喷发胶定型。

18 佩戴中式头饰。造型完成。

# 端庄中式新娘造型5

**所用手法：** ①单包，②编三股辫。

**造型重点：** 这款造型的手法比较简单，让新娘多了几分清秀。在打造头顶处的造型时，不能将发片包得太大，尽量使发包干净、伏贴，头顶略微突出发髻，让造型更具高贵感。若造型简单，可用饰品修饰，这样可以突出饰品的奢华感。

**实用应用：** 这款造型适合额头比较饱满的新娘。干净的造型可以让新娘更显小家碧玉的感觉。

01 将刘海区的头发中分，取右侧的头发并梳理光滑。

02 将发片拧紧并往上提拉。将其向前推，并下卡子固定。

03 用同样的手法将左侧的头发处理好。然后将头顶处的头发扎成马尾。

04 采用单包的手法将马尾往上翻，然后下卡子固定，使其高于头顶。

05 用相同的手法处理剩余的马尾，直到将其收完。

06 将后区的头发梳顺。

07 用单包的手法往上拧转，并固定在头顶位置，注意与头顶处的头发自然衔接。

08 将发尾分成三股。

09 用编三股辫的手法编到发尾，并用橡皮筋固定。

10 将三股辫绕在顶区的造型上并固定。

11 用对称的方式佩戴中式头饰。造型完成。

# 端庄中式新娘造型6

**所用手法：** ①外翻卷，②单包。

**造型重点：** 对称式的蝴蝶结包发让原本高贵的造型多了几分俏皮感。后区的发片都以对称手法摆放，前区的蝴蝶结不能太大，要显秀气。刘海的发量少、有弧度，要用啫喱膏将发片打湿，使头发伏贴地贴在额头处。

**实际应用：** 此款造型适合既想保留中式古典韵味又不想显得太成熟的新娘。

01 将头发在顶区中分。

02 在刘海区分出少量头发，用尖尾梳梳出纹理。

03 在右侧耳前分出一束发片。

04 将发片整理干净。注意发片表面不能毛糙，用手指勾住发片。

05 绕个圈，将发尾绑在发圈的中间。

06 将发片绕成一个蝴蝶结的形状。

07 将发尾往外翻卷并固定。注意发卷要立体，不能毛糙。将左侧对称位置的头发用同样的手法处理。

08 在顶区取一束发片，用外翻卷的手法做成卷筒。

09 下卡子将卷筒固定，留出发尾。

10 将发尾用同样的手法翻卷，下卡子固定。注意与上一个卷筒自然衔接。

11 在左侧区取一束发片，用外翻卷的手法处理成卷筒并固定。注意与上一个卷筒自然衔接。

12 将发尾梳理光滑。

13 同样用外翻卷的手法处理发尾并固定。将右侧区做同样的处理。

14 将后区剩余的头发收拢在一起。

15 用单包的手法将头发往上卷，然后下卡子固定。

16 将发尾分成两束均等的发片。

17 将第一束发片用外翻卷的手法处理，将翻卷好的发片下卡子固定。

18 将第二束发片用同样的手法翻卷，将翻卷好的发片下卡子固定。

19 整理好发尾。

20 佩戴饰品，点缀造型。造型完成。

# 端庄中式新娘造型7

**所用手法：**①手摆波纹，②外翻卷。

**造型重点：**此款造型的核心是以头顶较高的包发支撑起饰品，后区错落的包发让造型的层次更加丰富。刘海区的手摆波纹的弧度要自然，且能修饰偏长的脸形。

**实际应用：**这款造型能修饰偏长的脸形。娇媚的刘海与奢华的饰品搭配，让新娘在婚礼当日成为全场的焦点。

01 将刘海区的头发中分。

02 在刘海区左侧分出一束发片，用手摆波纹的手法摆出波纹，下鸭嘴夹将波纹固定。

03 继续摆出第二个波纹，下鸭嘴夹固定。

04 用同样的方法摆出第三个波纹，下鸭嘴夹固定。注意波纹应修饰脸形。在刘海区右侧用同样的手法处理。

05 在顶区分一束发片，用尖尾梳将其倒梳。

06 将倒梳好的发片的表面梳理光滑，往前翻卷，并固定在顶区。

07 将左侧区的头发向右提拉，拧转并固定。取右侧区的头发。

08 将发片向左侧提拉并固定。

09 整理好发尾。

10 将发尾用外翻卷的手法处理，下卡子固定。

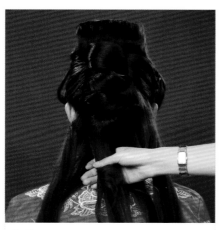

11 在后区取发片，用相同的手法往外翻卷，并下卡子固定。

12 用同样的手法将后区中间部分的头发做成外翻卷，并下卡子固定。注意发卷之间要自然衔接。

13 将后区左侧的头发做外翻卷并固定。取后区右侧的头发。

14 将所取的头发用外翻卷的手法处理并固定。

15 调整发尾并固定，使发卷更有立体感，且发卷之间自然衔接。

16 佩戴饰品，使造型看起来更加华丽。造型完成。

# 端庄中式新娘造型8

**所用手法：** ①手摆波纹，②卷筒。

**造型重点：** 此款造型的重点是后区的包发。在打造包发时需要注意分区，而且包发里面的头发必须饱满才能使其达到圆润光洁的效果。前区的手摆波纹要将发片摆好，切忌发量太多。装饰对称的步摇饰品，让整体造型更端庄、典雅。

**实际应用：** 造型的风格简单而不失奢华。由于造型偏低且对称，不建议圆形和方形脸的新娘选择此造型。

01 将头发中分，在顶区分出一束发片，将发片往前梳顺。

02 用手摆出波纹，一定要使波纹表面干净整洁。

03 将波纹的发尾用卡子固定。

04 将刘海区右侧的头发梳顺，用鸭嘴夹固定。

05 将发尾往后区整理。将刘海区左侧用同样的手法处理，使左右对称。

06 在顶区分出一束发片备用。

07 将后区剩余的头发整理好。

08 将整理好的头发向上翻卷，并下卡子固定。

09 取左侧区的发片。

10 将发片向上翻卷并固定在后区，使发卷与后区的造型自然衔接。

11 取右侧区的发片。

12 将发片向上翻卷并固定在后区，注意后区造型之间要自然衔接。

13 取顶区预留的发片。

14 将发片表面梳光滑，依次下鸭嘴夹固定。

15 用发片将后区的发卷覆盖住。

16 将发尾向内扣卷。

17 注意调整好头发的弧度，下卡子将发尾固定。取下鸭嘴夹。

18 佩戴头饰。造型完成。

# 11
## 洛可可风新娘造型

　　洛可可风格具有欧式简约的风格，细腻妩媚，色彩柔和、轻快，给人以舒适感。在打造造型时，常常采用不对称手法，常打造弧线和S形线条，因此对卷发的运用尤为关键。粉红、粉橘等色彩无不洋溢着青春的气息和灵动的质感。洛可可造型的多面性让人物动可小清新，静可"高大上"，精致完美的风格于细节之处彰显。

# 洛可可风新娘造型1

**所用手法：**①卷发，②单包。

**造型重点：**丰富且具有层次感的包发是此款造型的重点。为了让层次更加丰富，分发片时发量宁少勿多；前区抽出的发丝能起到画龙点睛的作用。搭配奢华的皇冠与甜美的鲜花饰品，让造型在充满贵族气质的同时又不失少女感。

**实际应用：**洛可可风格造型精致、奢华又不失少女感，不像巴洛克风格那样色彩强烈、浓艳。此造型与洛可可风格的婚礼场景结合，能让新娘成为众人关注的焦点。

01 用19号电卷棒将所有的头发烫外卷。

02 将刘海三七分，在左侧耳前取少量发丝，整理好弧度后用小鸭嘴夹固定，喷发胶定型。

03 在刘海区取少量发丝，用手摆出根根分明的效果。

04 在左侧耳后位置分出一束发片。

05 将发片以单包的手法收拢并固定。注意发包要有层次感。

06 在顶区分出一束发片，并将其向刘海区内扣。

07 将内扣好的头发的发尾依次摆放在刘海区，并下卡子固定。

08 继续从顶区取发片，用相同的手法处理成内扣卷，并将其固定。

09 整理发尾，下卡子固定。

10 在右侧耳前位置分出一束发片，做内扣卷。

11 在左侧耳后位置分出一束发片，做内扣卷。

12 用同样的手法将左侧的发片处理好。

13 用同样的手法将右侧的发片处理好。

14 用同样的手法将后区的发片处理好。

15 调整好发卷的层次，注意发卷表面要光滑干净。

16 在发型上点缀鲜花和珍珠饰品。造型完成。

# 洛可可风新娘造型2

**所用手法：** ①单卷、②抽丝。

**造型重点：** 打造造型时要注意正面的形状，尽量不宽于两耳的距离，否则造型会显得过于厚重；发片之间不要有明显的边界线；帽饰的搭配使顶区造型看起来更饱满，点缀小碎花能突出发片的层次感。

**实际应用：** 这是一款略带甜美风格的洛可可造型，前区的刘海恰到好处，非常适合额头较宽、较高的新娘，可以很好地修饰长形脸。

01 在左侧耳后分出一束发片。

02 将发片往内卷，并下卡子固定。

03 用相同的手法继续从左侧分发片，并向内卷。

04 调整好发卷的弧度并固定。以同样的手法将后区的全部头发向内卷。注意发卷要饱满且纹理清晰。

05 在刘海区右侧分出一束发片，将其梳理干净。

06 将发片向内卷，并将发卷下卡子固定。

07 将发尾整理干净，并摆放在额头处。

08 用相同的手法将刘海区剩余的头发做内卷。

09 调整发卷之间的距离，并使其修饰脸形。

10 根据发尾的卷度卷出发卷。

11 在合适的位置将发卷下卡子固定。

12 在右侧耳前分出一束发片。

13 将分出的发片向内卷。

14 将发卷摆放在合适的位置并固定。

15 将发尾整理干净，继续向内卷。将左侧用同样的手法处理。

16 在发卷上抽出发丝，以修饰脸形。

17 将抽出的发丝整理成根根分明的效果，并用鸭嘴夹固定。

18 在发丝上均匀地喷发胶，将其定型。

19 整理额角的发丝，注意发丝的纹理要分明，位置要合适。

20 在后区佩戴帽子，在刘海区佩戴鲜花饰品。造型完成。

# 洛可可风新娘造型3

**所用手法：** ①卷发，②手推波纹，③抽丝。

**造型重点：** 卷发的弧度和造型的层次是这款造型的关键。将刘海区的头发中分，使发根蓬松；在后区扎低马尾，并推出波纹。发量较多时，要注意将头发下暗卡固定。用夸张大胆的鲜花饰品装饰，能提升整体造型的奢华感和大气感。

**实际应用：** 此款造型的搭配突破了传统鲜花新娘造型清新、浪漫的感觉，选用色彩艳丽、大气的花朵，让新娘犹如女王般高贵。高调的新娘可以参考这款造型。

01 用19号电卷棒将所有头发烫内卷。

02 分出刘海区的头发备用。

03 将后区的头发扎低马尾并固定在后发际线处。

04 将扎好的马尾一分为二。

05 用尖尾梳将左边的头发梳顺,并推出波纹。

06 用鸭嘴夹夹住波纹的凹陷处,并喷发胶定型。

07 用尖尾梳再推出一个波纹。注意波纹一定要有立体感。

08 用鸭嘴夹夹住波纹的凹陷处,并喷发胶定型。

09 将发尾顺着烫卷的弧度摆放，并用U形卡固定。用同样的手法将马尾中的另一束头发处理好。

10 将刘海区的头发进行中分。

11 用19号电卷棒将刘海分发片向内烫卷。

12 用鸭嘴夹将刘海的根部夹起，使头发更蓬松。

13 将刘海顺着烫卷的弧度摆放。注意刘海表面不要毛糙。

14 用鸭嘴夹将需要固定的地方夹住，然后喷发胶定型。

15 抽出一缕较细的发丝，摆出弧度，并喷发胶定型。将左侧的刘海用同样的手法处理。

16 搭配色彩鲜艳的鲜花，使造型的视觉感更强烈。造型完成。

# 洛可可风新娘造型4

**所用手法：** ①内扣卷，②发网造型。

**造型重点：** 刘海区整齐光洁的发包是整个造型的核心，发卷仿佛是俏皮的齐刘海。马尾部分用发网进行造型，能随意摆出想要的弧度，且能达到非常干净的效果。

**实际应用：** 此款造型保留了洛可可风格中原有的复古造型手法，搭配少女感的粉色蝴蝶结，让造型显得俏皮活泼。此款造型不建议菱形脸的新娘选用。

01 从两额角到顶区分出刘海，然后用包发梳将刘海梳好。

02 将刘海的发尾往内卷，并固定在刘海区。注意发卷的弧度和位置要合适。

03 将剩下的头发往后梳，并在顶区扎一条高马尾。

04 在马尾中分出一束发片，然后用发网将发片套住。

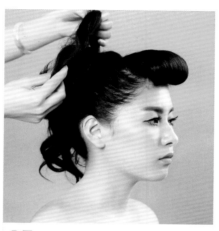

05 套好发网后将发片固定在顶区。

06 从马尾左侧取发片，用同样的手法用发网将发片套住，并固定在左侧区。

07 用同样的手法在马尾中取一束发片，用发网将发片套住，并固定在右侧区。

08 用同样的手法将马尾中的头发都处理好。

09 在刘海区佩戴蝴蝶结发箍。造型完成。

# 洛可可风新娘造型5

**所用手法：**卷发。

**造型重点：**为了使造型饱满且具有层次感，尽量选择小号的电卷棒烫发。烫发时要将发丝整理干净，两侧的头发应以对称圆润为宜，使新娘仿佛从油画中走出的复古少女。

**实际应用：**此款造型能修饰脸形，搭配球状的鲜花，可以让造型显得更年轻、更具少女感。

01 将刘海四六分，然后用19号电卷棒将头发烫外卷。

02 将左侧的头发用手整理出蓬松的效果，喷发胶定型。

03 将右侧的头发用同样的手法整理出蓬松的效果，喷发胶定型。

04 取两额角到顶区的头发，用手抓出纹理，使其蓬松，喷发胶定型。

05 将右侧发尾往额前发际线位置摆出有纹理的发卷。

06 在右侧耳前取一缕发丝，在颧骨上方摆出有纹理的发卷，以修饰脸形。

07 从左侧取两缕发丝，修饰脸形。

08 继续取一缕发丝，修饰脸形。

09 佩戴鲜花，使造型更随性、更自然。造型完成。

# 洛可可风新娘造型6

**所用手法：** ①卷发，②撕发。

**造型重点：** 刘海区轻盈飞舞的发丝是造型的重点，选择较小的电卷棒将头发烫卷，注意发量不能太多。撕发时要注意方向，做到乱中有序，尤其需要注意发际线周围的发丝对脸形的修饰。

**实际应用：** 这款造型将新娘的温婉和优雅展现得淋漓尽致，非常适合五官精致、想要体现古典韵味的新娘。

01 用19号电卷棒将头发烫外卷。

02 分出刘海区的头发，然后将顶区的头发扎成马尾。

03 将马尾的发尾撕蓬松。

04 将刘海区的头发中分，用19号电卷棒将其烫外卷。

05 将烫好的头发撕蓬松。

06 将剩余的头发撕拉蓬松，喷发胶定型。

07 取一束发丝，往额头方向整理成卷。

08 将额头处的发丝整理干净。

09 在刘海区佩戴鲜花饰品。造型完成。

# 洛可可风新娘造型7

**所用手法：** ①卷发，②三加二编发。

**造型重点：** 微卷的空气感刘海会让新娘的脸形变得更秀气。为了让造型更蓬松，建议用发尾进行造型，摆放时一定要将发际线遮盖住，以修饰脸形。造型一定要圆润，中间高两边窄，切记不能将造型整理成方形，否则会使新娘显得太过中性。

**实际应用：** 此款造型将模特俏皮活泼的气质表现得淋漓尽致。造型的高度和饱满度将脸形修饰得更加完美。此款造型不建议脸形偏长的新娘选择。

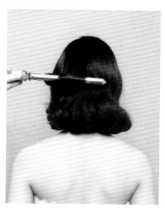

01 用19号电卷棒将全部头发向内烫卷。

02 在刘海区取一束发片，将头发旋转一圈，然后将发尾摆放在额头位置，以修饰脸形。

03 用手指将摆放好的头发的发尾撕开，形成自然的卷发纹理。

04 用手指抽出顶区的发丝，喷发胶固定，刘海区剩余的头发用同样的手法处理。

05 在后区顶部分出一束发片，并平均分成三股。

06 用三加二编发的手法编发。

07 将发辫编到头发底部，用橡皮筋将其固定。

08 在左侧区分出两股发片，用拧绳的手法编发。

09 将头发都拧好后，将其与中间的发辫自然衔接并固定。

10 将左侧剩余的头发分成两股，用同样的手法进行拧绳编发。

11 将头发编好后，用卡子将其和后区的发辫固定在一起。将右侧区用同样的手法处理。

12 在刘海区佩戴短网纱头饰。造型完成。

# 洛可可风新娘造型8

**所用手法：** ①卷发，②拧绳，③撕发。

**造型重点：** 分发片拧绳，并撕开纹理，将头发推出层次丰富且饱满的造型；造型主体在右边，左边造型不能太突出，以免喧宾夺主；搭配合适的帽饰，既可保留经典风格，又能突出造型的时尚感。

**实际应用：** 此款造型复古而又不落俗套，优雅的纯白色与清新的草绿色搭配，让复古新娘不显老气，是喜欢气质优雅风的新娘的佳选。

01 用19号电卷棒将头发烫外卷。

02 在左侧耳前位置取一束发片。

03 用两股拧绳的手法进行编发。

04 将拧好的发辫撕松，整理成一朵花的形状并固定在耳上方。

05 在右侧耳前位置分出一束发片。

06 用两股拧绳的手法进行编发。

07 将拧好的发辫抽松。

08 将抽松后的发辫整理成一朵花的形状并固定在耳上方。注意将发尾摆放好。

09 佩戴帽子。

10 在左侧耳后位置取一束发片。

11 用两股拧绳的手法进行编发。

12 将拧好的发辫抽松。

13 将抽松后的发辫向上绕在耳上方。

14 用同样的手法将后区所有的头发都处理好。注意造型的弧度。

15 按照头发烫卷的弧度整理发丝，并摆放好。

16 佩戴鲜花。造型完成。

# 12
## 新娘快速换装造型

　　本章主要讲解化妆造型师如何在新娘结婚当天快速地为新娘变换造型。一般新娘在结婚当天会换三套或三套以上的服装，但变换造型的时间有限，如何才能快速地换装是很多新娘和化妆造型师头疼的问题。想要快速变换造型，分区很重要，头发通常分为两大发区，前区与后区。后区变化不需要太大，重点在于前区刘海的变化，因为刘海是整个造型的核心，也就是说只要将刘海改变，整体风格自然也会改变。

# 新娘快速换装造型1 白 纱

**所用手法:** ①拧绳, ②抽丝。

**造型重点:** 此款造型以经典韩式造型的V字形为特点。烫发时要从前区到后区,由高到矮烫卷,发卷要衔接好;撕发时两边要对称;搭配浪漫甜美的永生花饰品,可以使造型更显年轻。

**实际应用:** 婚礼当天做造型时,要想速度快而且好看,这款端庄、略带甜美风的韩式造型是不错的选择。

01 用19号电卷棒从前往后、由高到低将头发烫外卷。

02 烫好后，整体效果呈V字形。

03 将后区的头发平均分为两部分，注意不能有明显发际线。将左侧烫卷的头发拧紧。

04 将头发按照烫卷的纹理抽出发丝，并且使发卷有镂空感。

05 将右侧的头发用同样的手法拧紧。

06 按照烫卷的纹理抽出发丝，要注意两边尽量对称。

07 将发尾用卡子固定，避免分开。

08 搭配小清新的永生花花环，以增加新娘的浪漫气质。

09 将刘海区的头发分发片用19号电卷棒烫内卷。

10 按照头发的卷度摆好，并喷发胶定型。

11 扯出左侧一束发丝并摆好弧度，修饰颧骨突出处。造型完成。

# 新娘快速换装造型1 中式

**所用手法：** ①单卷，②卷筒。

**造型重点：** 对称是整个造型的重点，无论是包发的发片，还是饰品的搭配都要达到对称的效果；造型的层次非常丰富，在头发分区时要注意合理地分配每个发区的发量，避免头发不够用；要倒梳发片的根部，使造型更加饱满。

**实际应用：** 因为此款造型将额头位置打造得比较饱满，所以不建议额头偏宽、脸形偏圆或偏方的新娘选择。

01 从刘海区中间分出一束发片。

02 将发片倒梳，以增加发量。将头发梳顺，向内包，并下卡子固定。

03 在左侧区取一束发片并倒梳，以增加发量。

04 将倒梳后的发片梳顺后，向前做单卷，并下卡子固定。

05 将发尾梳顺，喷发胶并将其压成片状。

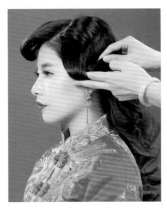

06 将发片向下包，遮住发际线，并固定在左耳上方。将右侧区的头发用同样的手法处理，注意左右对称。

07 在头顶分出一束圆形的发片。

08 将发片向上提拉，用尖尾梳倒梳。将倒梳的头发梳顺。

09 将发片用卷筒的手法卷起。注意发尾要藏在发卷筒里。

10 下卡子将发卷固定。要注意发卷的高度比刘海区突出。

11 在左侧耳后取一束发片。

12 将发片倒梳后，向上做单卷。将发卷固定在顶区。

13 在右侧耳后取一束发片。

14 将发片倒梳后，向上做单卷。将发卷固定在顶区。

15 将后区剩余的头发分为上下两部分。先取上半部分的头发。

16 用做卷筒的手法将头发往上卷。

17 将卷筒固定在顶区，使其紧挨着头顶的头发。注意两个卷筒之间尽量不要有明显的空缺。

18 将下半部分的发片倒梳后，将发片梳理干净。

19 将发片向下打卷，将发尾藏好。然后将碎发用啫喱膏处理伏贴。

20 用搭配对称的饰品，让造型显得精致、协调。造型完成。

# 新娘快速换装造型1 晚 装

**所用手法：** ①扎马尾，②卷发，③撕发。

**造型重点：** 在前面白纱造型原有卷发的基础上，不要把头发梳顺，将后区的头发扎马尾，使发尾呈自然往内卷的效果，纹理非常漂亮。将刘海区少量的头发烫卷并往后翻，使后区造型的层次感更丰富，要注意发卷不能太紧凑，否则容易让整体造型显得太大，使新娘显得老气。

**实际应用：** 这款优雅且仙气爆棚的造型是结婚当天的"吸睛"法宝，但由于造型中分且顶区比较高，所以不建议脸形偏长的新娘选择。

01 将白纱造型原有的卷发整理好，不需要将头发梳开。

02 分出刘海区的头发，将后区头发扎低马尾。

03 将刘海区的头发分发片用19号电卷棒烫内卷。

04 把烫卷的头发撕开，整理出丰富的纹理。

05 将刘海区剩下的头发往后翻，然后用19号电卷棒烫外翻卷。

06 烫卷后将头发撕开，高度可根据新娘的脸形而定。

07 用同样的手法将刘海区的所有头发平均分发片烫外翻卷。

08 撕开卷发后，均匀地摆放在后区，将发尾固定在橡皮筋处。

09 用稍大的花遮住橡皮筋，再用小碎花加以点缀。造型完成。

# 新娘快速换装造型2

**所用手法：** ①卷发、②撕发。

**造型重点：** 如果新娘头发比较短，要用比较小的电卷棒将头发烫平卷，使头发根部更蓬松，这样有利于造型；整理后区的造型时注意形状要圆润，整体要饱满；空气卷刘海是整个造型的重点，可使新娘显得更甜美、年轻。

**实际应用：** 如果是短发新娘、想要在婚礼当天将造型做得既快速简单又显得年轻，那么此款造型就是非常好的选择。

01 用19号电卷棒将所有头发烫内卷。

02 将饰品戴在刘海区。

03 将烫卷的头发撕开，整理出纹理，并喷发胶定型。

04 从后区竖向分一束发片。

05 用19号电卷棒将头发烫卷，最好喷一些发胶，这样发片的表面才不会毛糙。

06 顺着发卷的纹理将头发整理干净，并固定在后区发际线处。

07 将后区剩余的头发用同样的手法进行处理。

08 将打理好的头发整理干净，卷与卷之间不要有明显的空隙。

09 将发卷固定在后区发际线处。注意后区造型的形状要圆润。

10 从左侧区取一束发片，注意发量不能太多。

11 用19号电卷棒将发片烫外卷。

12 撕出发片的纹理，喷发胶定型。注意发丝统一向上翻。将右侧区用同样的手法处理。

13 将刘海用19号电卷棒烫内卷。

14 把烫好的刘海整理好，喷发胶定型。造型完成。

# 新娘快速换装造型2 晚 装 1

所用手法：①卷发、②拧绳、③撕发。

造型重点：在白纱造型的基础上，不要将头发梳开，按照原来的烫卷方向将头发拧紧再撕出纹理；如脸形偏长可将造型的主体放于一侧，若脸形偏短可将造型的主体放在中间，但注意造型要圆润饱满。

实际应用：高盘的造型会让新娘的气质倍增，且能够很好地拉长和修饰脸形，这款造型适合圆脸形的新娘。

01 用19号电卷棒将头发烫外卷。

02 将刘海区二八分，取刘海区右侧的一束发片，向内拧紧。

03 将拧好的头发抽松，并撕出纹理。

04 从顶区到右侧耳前位置分出一束发片。

05 将分出的发片向内拧紧，要注意发片表面不能毛糙。

06 用同样的手法将拧好的发片抽松，并撕出纹理。

07 用卡子将头发固定在右侧耳前的位置。

08 从左侧耳前位置竖向取一束发片。

09 将发片分为两股，用拧绳的手法处理。

10 将发辫抽松，向上提拉并固定在顶区。从后区左侧取发片，进行拧绳处理并向上固定。

11 取后区右侧的发片，然后将其分成两股。

12 将发片拧紧。为了使造型更饱满，可将发辫抽松。

13 将抽丝好的发辫提拉到头顶，并下卡子固定。

14 利用对称式手法将饰品搭配在耳前侧。

15 用19号电卷棒将鬓角处的发丝烫外卷。

16 将烫好的发丝撕开，喷发胶定型。造型完成。

# 新娘快速换装造型2 晚 装 2

**所用手法：**①手摆波纹，②卷发。

**造型重点：**在原来卷发的基础上将头发用气垫梳梳顺。气垫梳既能将头发快速理顺，又能够很好地保留头发原来的弧度，不会使卷发被梳直。由于模特头发比较短，打造这款造型时建议用内扣的手法，不要外翻，否则造型容易显得杂乱，且不饱满。

**实际应用：**此款造型冷艳高贵，比较适合新娘婚礼当天敬酒时使用。注意造型两侧比较饱满，不适合脸形偏圆且短的新娘。

01 将刘海区的头发中分。

02 用左手食指将右侧刘海的根部向上抓紧，用尖尾梳将其摆出波纹，并将发尾梳顺。

03 将鸭嘴夹固定在波浪凹陷处。将左侧刘海用同样的手法处理。

04 将发尾用尖尾梳梳顺，将发丝往内扣，并喷发胶定型。

05 将后区的头发用鸭嘴夹固定，然后用19号电卷棒将发梢烫内卷。

06 用尖尾梳将头发梳顺，在梳理时手最好放在头发的后面，这样可使头发的弧度更自然。

07 将后区剩余的头发用同样的手法梳顺。

08 注意发片之间不能有明显的分界线。

09 喷发胶定型，尤其是对鸭嘴夹处。

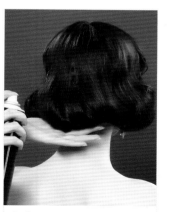

10 待发胶干透后，将鸭嘴夹取下。注意不能将头发扯乱，在有碎发处再喷一些发胶，将其理顺。

11 搭配金属饰品，使造型更加高贵。造型完成。